# 農産物直売所／それは地域との「出会いの場」

関満博
seki mitsuhiro
松永桂子 編
matsunaga keiko

新評論

# 「農産物直売所」は
# 地域「自立」の鍵

「このような所で、最後の瞬間までひととして生きていくためには、
どうすればよいのかを考え続けた」――
これは、中国山地のある**農産物直売所**を率いる女性リーダーの言葉である。
日本の国土面積の七〇％を占める**中山間地域**には今、
成熟社会・人口減少・高齢化など、私たちの未来に待ち受けている
数々の問題を考えていく際の先行的な現象が深く進行している。
本書で扱われる一一の直売所の興味深い取り組みと、
そこにこめられた**農村女性**たちの「**思い**」の深まりからは、
「**地域の自立**」のための豊かな示唆を読みとることができるであろう。

## 本書に登場する11の「農産物直売所」のある地域（数字は章）

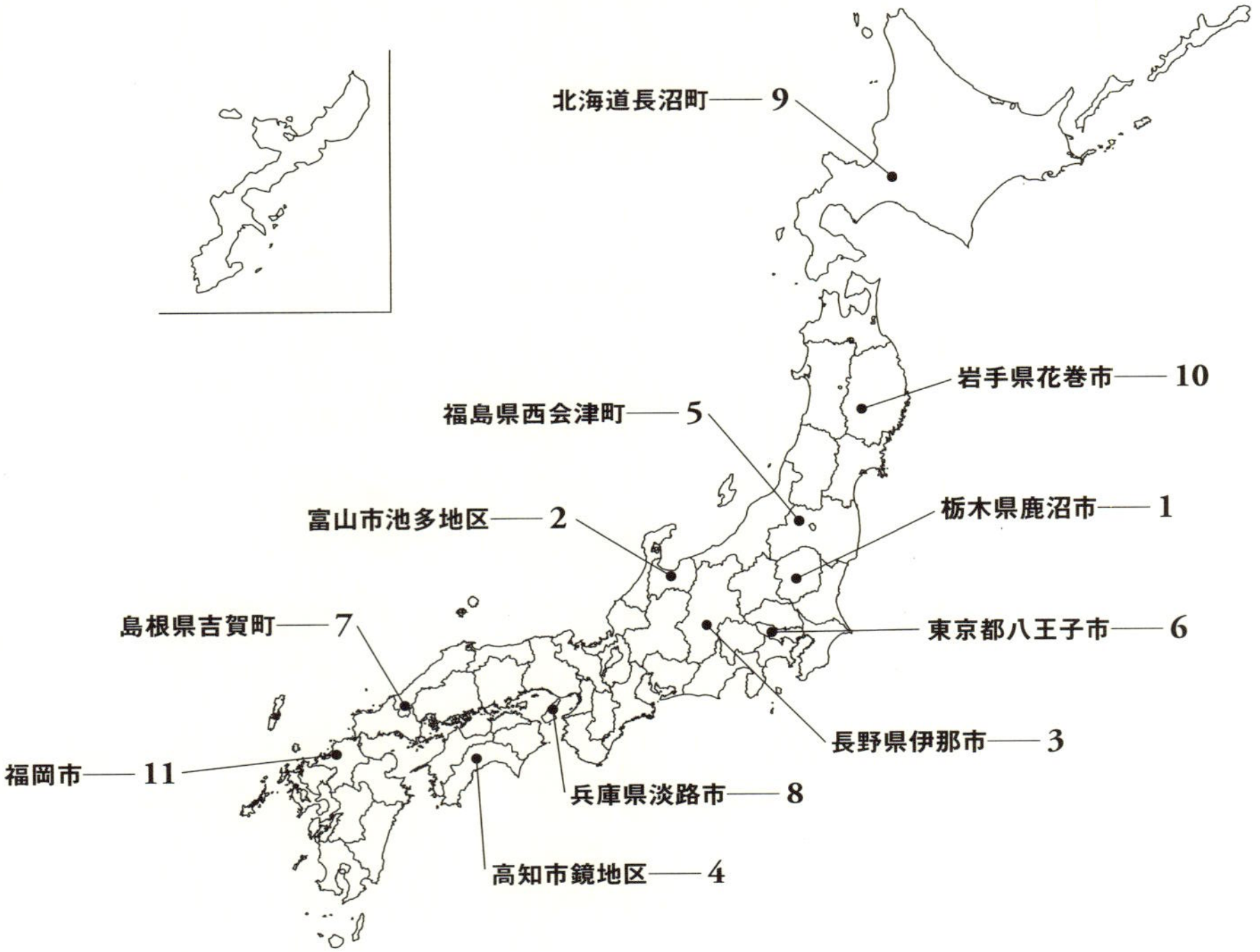

# はじめに

一〇年ほど前から、日本の地域産業問題の究極のテーマは「中山間地域の『自立』」と考えていたのだが、当時はそうした発言をしても関心を抱いてくれる人は稀であった。だが、この数年、事態は大きく変わってきているように思える。

変化を促した最大の要因は、意外な成功を経験した二〇世紀後半の日本の経済発展モデルが輝きを失い、人びとが新たな価値に目覚め始めたということではないかと思う。特に、近年における「食」の「安心、安全」との関連で「農」への関心が高まり、独特な価値観を形成している中山間地域に視線が向けられていった。二一世紀に入り、ふと立ち止まって見回すと、中山間地域に私たちの原点があることに気がついたのではないかと思う。

もう一つ、政策サイドからすると、近年の市町村合併により新たな課題が登場してきたことも無視できない。効率性を求めた合併により、新たな市域が五倍にもなったなどのケースも報告されている。新市は広大な中山間地域を抱えることになった場合が少なくない。その場合、従来型の市街地を焦点とする地域産業政策では如何ともし難く、中山間地域向けの政策を構想していかなくてはならない。合併により辺境に置かれることになった町村では、役場は少人数の支所に変わり、住民が楽しみにしていた「祭」さえ実施できなくなったなどの報告もある。日本の面積の七〇％を占め、国土保全の基本となっている中山間地域をどのようにしていったらよいのか。将来の日本を考えていく場合の重要な点が、そこに横たわっているように見える。成熟社会、人口減少、高齢化などの私たちの未来を考えていく際の先行的な現象がそこに深く進行しているのであった。特に、市街地向けの地域産業振興ばかりを考えてきた私たちは、中山間地域の産業振興など考えたこともなく、有益と思える処方箋を描くことは難しい。

だが、ある時、ふと訪れた中山間地域の片隅で「不思議な輝き」に出会うことになる。そこは「農産物直売所」「農産物加工場」「農村レストラン」と名乗っていた。それらは一見、私たちの見慣れた商店、工場、飲食店と同じように見えたのだが、そのうち、それはまるで異なる存在であることを知ることになる。そこは、疲弊しているはずの中山間地域の農村女性たちによる「思い」のこもった「場」として形成されていたのであった。

以来、全国の「直売所」「加工場」「農村レストラン」という中山間地域に輝いている「三点セット」というべき施設と人びとを訪ねる日々を重ねてきた。いずれの施設を訪れても、そこに集う農村女性たちはどなたも「不思議な輝き」にあふれ、「未来」を語ってくれたのであった。疲れた表情で沈んでいる都会の人びととの落差を痛感させられることになった。

「農産物直売所」等の意義は本文を通じて明らかにしていくが、何よりも農村女性たちが

「自立」し、自分でものを考えるようになったという点が指摘される。これまでの日本の農業政策と農協の管理の下で、思考を停止させられていた人びとが、自分の「思い」を表現するようになったことの意義は極めて大きい。日本の農村、農業、あるいは日本社会そのものが変わっていく先駆的な取り組みではないかとさえ思える。

実際、全国の各地を訪れるほどに、日本の奥行きの深さを痛感させられた。いずれの地域でも興味深い取り組みが重ねられていた。そうした意味では、本書で取り上げたケースはわずかなものにすぎず、これから踏み込んでいかなくてはならないケースの多さにたじろぐことになる。今後、さらにこのような取り組みを掘り起こし、人びとの「思い」の深まりを書き残していかなくてはならないと考えている。

こうしたことを意識し、本書では特に「農産物直売所」に焦点を絞り、全国の一一の施設に注目していく。どの直売所を訪れても、それぞれに特色があり、多様な工夫が凝らされていることに感動する。いずれも女性たちの「思い」の深まりがこめられているのであった。ある時訪れた中国山地の直売所の年配の女性リーダーは、「このような所で、最後の瞬間までひととして生きていくためには、どうすればよいのかを考え続けた」と語っていた。直売所には、そこに集う数十万人の女性たちのそれぞれの「思い」がこめられているのである。

そうした意味では、本書のような限られたスペースで、彼女たちの「思い」の全てをすくいあげることはできない。だが、直売所の現状や意義を論じたものも少なく、試論的な意味も含めて、ここで一つの報告を提出していきたいと思う。

私たちが「農産物直売所」だけを焦点に論述する報告は今回が初めてだが、関連するものとしては、『中山間地域の「自立」と農商工連携』(関満博・松永桂子編、新評論、二〇〇九年)、『農商工連携の地域ブランド戦略』(関・松永編、新評論、二〇〇九年)をすでに提出している。また、私たちの取り組みは始まったばかりだが、こうしたことを積み重ねていくことを通じて、日本の中山間地域や、あるいは日本の社会の「未来」を語っていくことにしたい。これからも、中山間地域の奥深く、訪ね歩いていくことを願っている。

なお、本書を作成するにあたり、今回も関係する方々から多大な協力をいただいた。十分な内容になっているかは皆様のご判断を待つしかないが、今後も深くお付き合いさせていただくことでご容赦いただければ幸いである。最後に、本書の編集の労をとっていただいた新評論の山田洋氏、吉住亜矢さんに深く感謝を申し上げたい。

二〇一〇年一月

関　満博
松永桂子

## 農産物直売所／それは地域との「出会いの場」　目次

## 第Ⅲ部　ＪＡ系「直売所」の展開

# 序章　農産物直売所の展開

関　満博

「はじめに」で見たように、現在、全国に一万カ所を超えるという「農産物直売所」が展開し、数十万人の農家の女性たちがそこに集い、「不思議な輝き」を発揮している。成熟社会、人口減少、高齢化と言われる中で、条件不利地域とされる中山間地域や農村地域で、何かが起り始めている。疲労感を漂わせている都会の人びとと異なり、中山間地域の農家の女性たちは新たな可能性を見出したのかもしれない。

本書全体の序章となるこの章では、農産物直売所の成り立ちと意味について基本的なところを明示していくことにしたい。もちろん、個々の農産物直売所により、その成り立ちや意義は微妙に異なる。だが、社会現象化してきた農産物直売所には、時代を変えていこうとする強い力が働いているように見える。その具体的な意味は、本書の各章で論じられるケースの中で明らかにされていくが、この章では、まず、その基本的な流れをたどっていきたいと思う。併せて、本書の各章で論じられる行論の方向を明示しておくことにしたい。

## 一　農産物直売所の成立と意味

食糧増産を至上命題にスタートした戦後日本の農業は、その後、食料の輸入自由化、人びとの嗜好の変化、農工間の生産性格差などにより大きく変わっていく。機械化省力化の推進、耕地面積や農業従事者の減少、稲作からの転作の奨励などにより、その姿を大きく変えていく。田植えの時期に、集落の人びとが一斉に田んぼに入る姿など見ることもなくなってしまった。また、中山間地域に入ると、田園地域は静まり返り、そこかしこに放棄された棚田が目につくことになる。そして、街道筋では「農産物直売所」という看板を掲げた簡素な施設に行き当たる。だが、そこには新鮮で珍しい農作物が並び、こころのこもった加工品が積み重なっていることに驚くことになるであろう。そして、農作物を並べかえている女性、レジに立つ女性たち、また、農作物を手にして選んでいる人びとも、なぜか「笑顔」である。まことに不思議な光景が拡がっている。都会のスーパーで黙々とかごに品物を放り込んでいる暗い表情とは全く異なった情景が拡がっているであろう。

それが、近年、中山間地域や農村地域で輝き始めた「農産物直売所」なのである。ここでは、その農産物直売所の成り立ちと意味を考えることから始めていくことにする。(1)

## 「無人販売所」から「農産物直売所」へ

商品流通の原初的な形態として「朝市」というものがある。人類が交換経済を経験し始めた頃から営まれている形態であり、現在でも世界の各地で見ることができる。その後、農作物の流通は全国市場を意識して地方卸売市場、中央卸売市場などを軸に整備され、特に日本では農協による系統流通、さらに大手スーパーなどによる大規模な契約栽培などが支配的なものになっていった。そして、農業生産者の多くは農協の傘下に組み込まれ、指示された作物をひたすら作り続けてきた。

このような枠組みの中で、戦後まもなくの頃から「無人販売所」というものが生まれてくる。農協に出せない形の悪いもの、数の揃わないいものを農家の軒先に置いておくというものであった。こうしたスタイルは現在でも各地で見ることができる。また、この「無人販売所」のスタイルは日本以外では考えられないと言われている。現金がそこに置いてあるのに誰も持っていかないのである。

その後、「無人販売所」の経験を積み重ねてきた農家の女性たちは、「もう少し本格的にやりたい」「自分たちの仕事を正当に評価して欲しい」「自分の『思い』のこもった農作物を作りたい」と考えるようになり、数人、十数人の女性たちで「農産物直売所」を開始していくことになる。当初はバラックに戸板一枚の世界であった。それは一九八〇年前後のことであった。大規模生産に入っている専業農家よりも、女性が中心になっている小規模な兼業農家が主体であったとされている。

このような直売の行為は農協の活動に「対する」ものであり、いくつかの妨害が加えられたことも報告されている。あるいは、農協が甘く見ていた場合も少なくなかった。そして、このような農家の女性たちの「思い」は燎原の火のごとく全国に拡がっていくのであった。一九九〇年代の中頃が「直売所設立ラッシュ」の時代とされている。

### 「自立」に向かう女性たち

この農産物直売所の最大の意義は、参加する農家の女性たちが日本農業史上初めて「預金通帳」を保有したことだと思う。農協に参加している場合、第二種兼業農家で女性が農業の主要な担い手であっても、売上金は農協組合員である世帯主の預金口座に振り込まれることになる。女性が預金通帳を持つのは、世帯主が亡くなった時とされていたのである。この点、農産物直売所の場合の多くは女性たちによるものであり、当然、自分の口座に振り込まれる。店先でこの話題になると、女性たちは「こんなに嬉しいことはなかった」と弾けたように語り始めるであろう。

また、このような直売所の場合、当初、レジには女性たちが交代で立つことが少なくない。

中には、レジに立つことに抵抗のある人もいるが、経験的に「五回立つと楽しくなる」とされている。客との会話が次第に楽しいものになっていくのであった。「自分の出したものが美味しい」と言われて、「やる気が出た」などが語られている。

また、年配の客から「このあたりには、以前、おでんにすると美味しいダイコンがあったけど、いまどうなっているの」と聞かれることがある。二〇～三〇年前には栽培していたが、現在は忘れられていたのであった。ダイコンは在来種が五〇種ほどあったとされるが、現在、流通しているのはほぼ一種類となっている。農協の系統流通では、形の扱いにくいもの、数の揃わないものは排除されていくのであった。

この点、外国、特にアジアの農産物市場を訪れて痛感することがある。それは、日本の野菜の種類の少なさである。特に、葉物に顕著である。かつては日本もかなりの種類があったと思うが、いつの間にか消え去ってしまった。

先の客から指摘を受けた女性が農業試験場や普及所に相談すると、種は保存されており、栽培して直売所に出すと、大きな評判を呼ぶことになる。このことは、戦後、自分の意志で栽培することを停止させられていた日本の農業生産者に「自立」性を呼び戻すことになろう。このことの意義は極めて大きい。このようにして、直売所に集う女性たちは、新たな世界に踏み込んでいくことになった。プロの料理人たちは、直売所で仕入れるとされるものになってきたのである。

## 「三点セット」に向かう

そして、直売所の経験を深めていくうちに、「売れ残り」をどうするのかという問題に直面していく。彼女たちは考え、一つの方向としては「農産物加工場」に向かい、もう一つは「農村レストラン」に向かう場合が少なくない。

日本の農村には、元々、女性の地位の向上、栄養改善などを目指す「生活改善グループ」の蓄積があり、グループで農産物加工などを行っていた。ただし、以前は販売ルートに乏しく、近所におすそ分けする程度の場合が多かった。だが、現在では直売所に加え、宅配便が発達している。新たな販売ルートが開けてきたのである。漬物、味噌、煮物、佃煮、ジュース、ジャム、餅、菓子などの領域で女性たちは新たな可能性を知ったのであった。

他方、直売所の多くは田園地帯にあり、周りに飲食店などはない。女性たちは地元の郷土食に新たな価値を発見し、「農村レストラン」に踏み込んでいく場合も少なくない。私たちは、このような成り立ちのレストランを「農村レストラン」と呼んでいるが、その特色は「集落や地区の人びとが共同で、地域の活性化を願い、地元の食材を使い、飲食を提供するもの」と定義している。(2) そして、このような「農村レストラン」が直売所に隣接し全国に広く展開し始めているのである。

ここまで来ると、中山間地域における最大の課題の一つである「雇用」も発生していくことになろう。直売所を起点にこのような流れが形成される場合が多いが、地域によっては「農村レストラン」から出発し、直売所、加工場に拡がっていくケースも認められる。このように、現在の中山間地域では、「農産物直売所」「農産物加工場」、そして「農村レストラン」が「三点セット」として興味深い流れを形成しているのであった。[3] そこに集う農家の女性たちの表情は「輝いている」ことはいうまでもない。

### 新たな時代を切り拓く

このような直売所の成功が重なるにしたがい、否定的な立場にあった農協も「農産物直売所」に参入してくる。一部は一九八〇年代から始まっているとされるが、農協の参入が本格化するのは二〇〇〇年代に入ってからである。本書に登場する一九九七年開業の岩手県花巻市の「だぁすこ」の成功が、全国の農協を刺激したとされている。

現在、各地に展開している大規模な直売所の多くは農協系の場合が少なくない。この農協系の直売所の場合は、地域によってかなり異なり、先の女性たちの自主性によって運営されている直売所に非常に似たものから、ほとんど一般のスーパーに近いものまである。それは地域条件に加え、主宰する各農協の考え方によるであろう。農協系の方が明らかに物量は豊富である。資本力に優れる農協系の直売所と女性たちの「思い」で開催されている直売所が、うまく棲み分けて発展していくことを願う。

そして、全国で一万カ所を超えるとされる直売所は、農協系を含めてその市場規模は一兆円とも言われ、さらに毎年一〇〜一五％の伸びを示している。成熟化し、人口減少局面に入っている日本において、ほとんど唯一の成長市場として期待されているのである。

だが、こうした事実と意味が世間に正しく伝えられていない。本来、否定的な立場にあった農協やその理論的背景になっている農業経済学の人びとは、口をつぐんだままである。また、私たちのような市場経済学に身を置いている者や経済マスコミは、その世界に踏み込んだこともない。正当な評価をされた報告が世間に提出されないままにある。本書が数少ない報告の一つとなろう。ここを起点に、農村の女性たちが「自立」し、中山間地域で新たなうねりを引き起こしていることに関心が集まることを期待したい。ここから、私たちの新たな時代が切り拓かれていくことを願う。

## 二　本書の構成

以上のような点を背景に、本書が編まれていくことになる。私たち自身も一万カ所を超えるとされる農産物直売所のうち、直接に交流してきたものはほんの一部にしかすぎない。そして、そのそれぞれに、興味深い女性たちの「思い」が詰め込まれていた。おそらく一万の「思い」、あるいは、そこに参加する数十万の女性たちの「思い」が重なっているのであろう。そうした点は、今後、可能な限り掘り起こしていくことにし、ここでは、特徴的と思われる一一のケースに注目し、そこから、直売所の現状と意味を明らかにしていくことにしたい。

全体的な構成は三部としてある。第Ⅰ部は「自主的に立ち上がってきた『直売所』」であり、第Ⅱ部は「市町村、公社等がリードする『直売所』」、そして第Ⅲ部は「JA系の『直売所』」ということになる。

以下、ここでは各章の意味と行論の方向を明示しておくことにしたい。

**第Ⅰ部「自主的に立ち上がってきた『直売所』」**

「栃木県鹿沼市／直売所、加工場、農村レストランの展開」と題する**第1章**は、農村地域の女性たちが地域の活性化を求めてスタートさせた典型的なケースである。地区の回覧板で同志を募り、農産物の直売所からスタート。その後、加工場、農村レストランへと展開していく。いわば、日本の農村地域、中山間地域の女性起業、集落ビジネスの一つの典型を示している。特に、そばの産地である北関東では、そば打ちは嫁入りの条件ともいわれ、興味深いそばを提供してきた。さらに、近年では鹿沼地域の活性化を願い、活動の幅を拡げているのである。

「富山市池多地区／多様な地域貢献に発展する直売所」と題する**第2章**は、「地域の食文化の伝承と地域の活性化」を意識してスタートした北陸屈指の農産物直売所といわれる「池多朝どり特産市」に注目する。特に「自らの学びを地域に還元する」ことを行動原則にし、早くも活動の三年目には、地域コミュニティへの積極的な参画を図り、空店舗を利用したアンテナショップ、地元の小学校への食育活動を進めていく。多くの直売所の場合、担い手の高齢化が進んでいるのだが、ここでは、まさに、次世代への継承が深く意識されているのである。

「長野県伊那市／日本最大級の直売所の展開」と題する**第3章**は、地元出身の男性が地域の活性化を願ってスタートさせたものであり、会員数一六〇〇人、年間売上額八億五〇〇〇万円をあげている。行政、農協などからは完全に独立しており、その仕組みには独特の工夫が加えられている。さらに、全国の直売所のネットワーク化を強く意識しており、独自に長野県単位の「産直・直売サミット」の開催、独自の『産直新聞』の発行まで手掛けている。総帥の小林史麿氏は、日本の直売所のオピニオンリーダーの一人でもある。
「高知市鏡地区／攻めの産直」と題する**第4章**は、市町村合併により地方中核都市である高知市に編入された旧鏡村の人びとの取り組みに注目する。当初、直売所の設置は村内も検討されたのだが、むしろ、高知市内に打って出ることにしていく。出荷者の意識は高く、評判の直売所に育っていった。場所柄、近隣の住民が主たる客であり、その要請から鮮魚へも踏み込み、水産物の豊かな宿毛市の若者と連携し、品揃えを豊富なものにしていった。地元にこだわる直売所が多い中で、「鏡むらの店」は攻めの産直により興味深い展開を示しているのである。

**第Ⅱ部「市町村、公社等がリードする『直売所』」**

「福島県西会津町／ミネラル野菜のまち」と題する**第5章**は、「トータルケアのまちづくり」を目指して進められている西会津町の取り組みに注目する。町民の健康を意識して推進されたミネラル野菜栽培から出発し、道の駅の設置を契機に「直売所」と「農村レストラン」にまで踏み出していく。その際、女性による起業を意識したセミナーを開催、その受講者によって農村レストランがオープンしていく。東北の最奥ともいえる地で、健康、女性起業といった興味深い取り組みが重ねられているのであった。
「東京都八王子市／大都市部における展開」と題する**第6章**は、東京都内初の道の駅で推進されている農産物直売所に注目する。ハイテク都市、学園都市としても知られる八王子は、他方で農業都市でもある。市内全域の農業者が参加できる仕組みを形成し、オープン二年目で六億円の売上額を示すほどになった。来客者の九〇%は八王子市及びその周辺の住民とされている。「消費地と生産地が同居している」とされ、これまでやや自信を失っていた都市農業の従事者たちに大きな勇気を与えるものとなったのである。

「島根県吉賀町／有機農業の村から」と題する**第7章**は、早い時期から有機農業に取り組んできた旧柿木村（現吉賀町）の取り組みに注目する。一九八〇年に結成された「有機農業研究会」が母体となり、有機農業の推進、消費者グループとの連携を通して新たな世界を切り拓いていく。その後、活動拠点の村の農産物直売所「エポックかきのきむら」を設置し、さらに、広島にもアンテナショップを形成していく。中国山地の奥深い村で興味深い取り組みを重ねてきた。そして、次の課題としては、これらの先駆的な取り組みをしてきた人びとも年齢が上がり、次の世代がどのように継承、発展させていくのかが問われているのである。

「兵庫県淡路市／御食つ国の産地直売所」と題する**第8章**は、行政が立ち上げた交流施設の「赤い屋根」に注目していく。この「赤い屋根」は通常の農産物直売所とは異なり、農産物をはじめとする様々な食材の販売業者の集まった施設である。いずれの出店者も極めて個性的であり、地域の農水畜産物が興味深い形で集められている。いわば、淡路市の良質な「食」の部分が一カ所に集中しているといってよい。市と商工会のプロデュースの下で、出店者たちは地域の「食材」を掘り起こし、淡路島を訪れる人びとを惹きつけているのであった。

「北海道長沼町／直売所から始まった農業を基軸とした地域産業」と題する**第9章**は、札幌郊外というべき長沼町の連鎖的な展開に注目する。稲作からの転作を迫られた長沼町では、園芸作物による複合経営が目指され、さらに、公設の直売所の設立に向かっていった。さらに、農家の個人単位の直売所も増え、町内には大小二〇カ所の直売所が展開することになった。まさに「直売所のまち」というべきであろう。さらに、農家レストランにまで踏み込む場合が出てきた。新たな地域産業の創出が、直売所を起点に始まっているのであった。

**第Ⅲ部「ＪＡ系『直売所』の展開」**

「岩手県花巻市／農協経営の本格的直売所の展開」と題する**第10章**は、全国のＪＡ系のリーダー的な直売所「だぁすこ」に注目する。母体のＪＡいわて花巻は従来から経営状態が良く、周辺のＪＡを吸収合併し広域化している。直売所は活動の活発な婦人部の意向を受けて出発した。一帯はＪＡいわて花巻の関連施設が集積し、交通の要衝であり、温泉施設も近く、地域の拠点的な意味を帯び、大きな集客力を備えている。二〇〇〇年前後には全国のＪＡの視察対象となり、そのモデル的な意味を帯びていたのである。

「福岡市／大都市圏の農産物直売所の展開」と題する**第11章**は、福岡広域都市圏の中におけるＪＡ系直売所の新たな競争局面に注目する。都市部のＪＡ福岡市管内ではかねてより、小規模の朝市、直売所が設置されていたが、近郊の糸島地区のＪＡ糸島が巨大な直売所を設置し、福岡広域都市圏の集客を開始した。これに対し、ＪＡ福岡市は朝市等を統合し、小規模なサテライト型の直売所を広く展開し始めている。九州は元々、ＪＡ系直売所が優越的であったのだが、ここに来て、福岡広域都市圏という範囲の中で、新たな競争の段階に突入しているのであった。

以上のように本書は、全国の各地に一万カ所とされる農産物直売所の中からわずか一一のケースを採り上げたにすぎない。だが、そのそれぞれに、農村地域の人びとの思いが深く積み重ねられていた。いずれの直売所の人びとも表情が輝き、「未来」を語ってくれた。条件不利とされる中山間地域や、農業地域はこの直売所を起点にして大きく変わっていくことが読み取れた。

おそらく、直売所の最大の意義は、戦後の農業政策の中で自立性を喪失させられていた人びとが、それを取り戻しつつあるという点にあろう。特に、現在の日本農業の主要な担い手である女性たちが自立していった意義は大きい。二〇世紀後半の日本産業を支えたモノづくり産業に陰りが見え始めた現在、「農」と「食」に新たな可能性が生じつつある。その場合、自立した生産者と消費者の「出会いの場」である直売所は、新たな価値を生み出していく場としてさらに豊かになっていくことが期待される。

そして、戦後六〇年の間に際立ってきた都市と農村、中山間地域との分断の構図を解きほぐし、新たな交流の場として機能していくことも期待される。農産物直売所、それは「地域との出会いの場」なのである。

このように、農産物直売所は、「生産者と消費者」「都市と農村、中山間地域」の「出会いの場」であり、新たな時代の「価値の創造の場」ということになろう。本書はそうしたことを意識し、全国の興味深い農産物直売所のケースを採り上げた。それらの現状と取り組みを振り返りながら、私たちは次の時代に向かっていかなくてはならないのである。全国の各地に展開している農産物直売所は、農村地域、中山間地域の「希望の星」ということになろう。

(1) 農産物直売所に関する文献としては、以下のものがある。財団法人都市農山漁村交流活性化機構編『農産物直売所運営のてびき』農山漁村文化協会、二〇〇一年、同『農産物直売所発展のてびき』農山漁村文化協会、二〇〇五年、浅井昭三『日本の農産物直売所その現状と将来』筑波書房、二〇〇四年、山崎美代造『地域づくりと人間発達の経済学——リゾート地域整備の評価、農産物直売所、農村レストランを中心に』お茶の水書房、二〇〇四年、青木隆夫『成功事例に学ぶ農産物直売所』全国農業会議所、二〇〇五年、第一回長野県産直・直売サミット実行委員会編『産直・直売が拓く信州の農業』二〇〇六年、飯坂正弘『農産物直売所の情報戦略と活動展開』ブイツーソリューション、二〇〇七年、田中満『人気爆発農産物直売所』ごま書房、二〇〇八年、社団法人高知県自治研究センター『コミュニティ・ビジネス研究二〇〇七年度年次報告書』二〇〇八年、同『コミュニティ・ビジネス研究二〇〇八年度年次報告書』二〇〇九年、勝本吉伸『農産物直売所――出品者の実践の心得一〇〇』家の光協会、二〇〇九年、大澤信一『農業は繁盛直売所で儲けなさい！』東洋経済新報社、二〇〇九年、関満博・松永桂子編『中山間地域の「自立」と農商工連携』新評論、二〇〇九年、同編『農商工連携の地域ブランド戦略』新評論、二〇〇九年、関満博『「農」と「食」の農商工連携』新評論、二〇〇九年。

（2）農村レストランに関しては、財団法人都市農山漁村交流活性化機構『きらめく農家レストラン』二〇〇七年、関満博「栃木県茂木町／『農』と『食』の連鎖による集落の活性化」（関満博・遠山浩編『「食」の地域ブランド戦略』新評論、二〇〇七年）、同「栃木そば／中山間地域の農村レストランの展開」（関満博・古川一郎編『中小都市の「B級グルメ」戦略』新評論、二〇〇八年）、関満博・松永桂子「栃木県で進む『農村レストラン』の展開」（『商工金融』第五九巻第八号、二〇〇九年八月）を参照されたい。

（3）三点セットの意義については、関満博「中山間地域で始まる新たな価値の創造」（『IRC調査月報』第二四三号、二〇〇八年九月）、同「農商工連携と地域再生」（『しんくみ』第五五巻第九号、二〇〇八年九月）、同「私たちの『未来』を示す中山間地域の取り組み」（『ARC』第四七二号二〇〇九年二月）を参照されたい。

# 第Ⅰ部

# 自主的に立ち上がってきた「直売所」

# 第1章　栃木県鹿沼市／直売所、加工場、農村レストランの展開

## ——三点セットで集落活性化に向かう「そばの里永野」

松永桂子

ここ数年、農業の世界で活況を呈する農産物直売所。「食」の「安心、安全」を求める消費者が増えつつあることも後押しし、今や一万三〇〇〇カ所を超えたとも言われている。その成功の秘訣は、流通を介することなく、生産者と消費者が顔の見える範囲で売買をし、双方が「出会う場」として機能していることにあろう。

さらに、農家の女性たちが自主的に立ち上がり、生産物を自分が決めた価格で販売するといった経済行為に入っていったことも注目すべきである。直売所の運営形態は、いくつかの類型に分けられるが、中でも「自主的に立ち上がってきた直売所」の意義は大きい。全国では、こうした自立型の農産物直売所の周辺で、地域活性化や集落活性化の動きが盛んなように見受けられる。

農家女性たちは、直売所から始め、次に惣菜や漬物、味噌などの「加工」に向かい、やがて地域の「食」を提供する飲食事業までを手掛けるようになることも少なくない。こうした「農産物直売所、農産物加工場、農村レストランの三点セット」の動きに私たちは注目している。

ここでは、「そば」を核にした農村レストランや直売所が目立つ栃木県鹿沼市、旧粟野町の動きに注目してみたい。特に、旧粟野町はグリーンツーリズムが盛んな地であり、永野川流域沿いに「農」「食」にまつわる観光スポットがひしめいている。ここで採り上げる「そばの里永野」を始め、「清流の郷かすお」や「花農場あわの」といった直売所と農村レストラン、さらには「野洲麻紙工房」といった地元食材にこだわるカフェやパン屋もある(1)。

中でも、農村レストラン、直売所、加工場の「三点セット」を営む「そばの里永野」は先駆的な存在であろう。人口一六〇〇人の永野地区に、年間三万人もの人が訪れるのである。

## 一　第一歩は直売所から

栃木県の南西部に位置する鹿沼市は、北は日光市、東は宇都宮市に接する人口一〇万三四〇〇人の中都市である。二〇〇六年一月一日に粟野町と合併した。鹿沼市は麻の生産量が全国第一位、そして「鹿沼そば」として、そばの有名な産地でもある。一見、麻とそばは無関係のように思うが、麻を刈り取った後に作付けされた「玄そば」は極上だと言われている。

特に、「そば」は栃木の生活・文化に馴染んでおり、一世代前までの栃木の女性は「そばを打てないと、お嫁にいけない」とまで言われるほどであった。農家の女性は、今でも、自分たちでそばを打つ。さらに、そば打ちは家庭だけでなく、集落で営まれるようになってきたことが興味深い。栃木県は農村レストランの数は全国一で七〇店（二〇〇六年）あるが、実にその八〇％がそば屋なのである。(2) 二位の宮城県四二店、三位の広島県三七店を大きく引き離しているのは、集落ビジネスとして農村レストランが栃木では定着してきたことと大きく関係する。だが、農村レストラン単独で運営しているケースよりも、農産物直売所や加工場とセットで展開されていることが少なくない。「そばの里永野」はそうした「三点セット」を運営する先駆け的存在といえる。

**回覧板で同志を募る**

もともと、麻やコンニャクの栽培が主力であった永野地区は、一九九〇年頃から地域の停滞に直面する。そのような中、地区の女性たちが直売所を核にした地域活性化策を提案したことから、新たな事業が起こり始めた。一九九二年、永野地区五四〇世帯全戸への回覧板で「直売所をやろう」と呼びかけたところ、三五名の有志が集まった。この呼びかけ人の一人が大森用子さんであった。現在も会長を務めるなど、鹿沼地域の代表的な存在となっている。

翌一九九三年に「永野フレッシュ直売所」をオープン。地元の間伐材を使ったほったて小屋を拠点にスタートした。会員として集まった三五名が出資金を三万円ずつ出した。会員はいず

写真1―1　永野フレッシュ直売所と大森用子会長

れも、花、酪農、米が中心の兼業農家であり、各家庭で作っているものを販売するところから始まった。

**自分の口座を初めて持った女性たち**

レジは当番制にして、二人ずつが張り付く形を採った。会員は正会員と準会員の二種類を設け、正会員は手数料一〇％でレジに立ち、準会員は手数料一五％でレジの当番には当たらないという仕組みである。現在、準会員は子育て世代などを中心に七人ほどいる。

会員は男女半々の構成である。だが、一軒一名の登録としており、夫婦で活動している会員が多いため、実際には倍近い会員数と見てよい。そして、直売活動に参加するにあたって、女性たちは、自分の名前でＪＡの預金口座を開設した。それまでは、夫名義のＪＡ口座に農家収入が振り込まれていた。小さな変化のように思えるが、意外にも、成功している直売所はこの「自分の口座」の存在が励みになり、活性化している例も少なくないのである。

こうして、二年ほど経験を重ねる中で、生産者は売る喜びに目覚め、消費者からの評判も高まっていった。さらに、「夫が協力的になり、家事を積極的にするようになった」ことも大きな変化と、大森さんたちは語っていた。

写真1—2　ジャガイモや太ネギが並ぶ

**農村レストラン、加工場を設置**

こうして直売所の運営が軌道に乗り、一九九五年には「農村レストラン」と「加工場」を併設していった。その際、部会制を設け、①味噌、②コンニャク、③惣菜、④漬物、⑤菓子、⑥そば、の六つにそれぞれが属する形とした。一つのグループは三人程度、レストランを運営するそば部会は一〇人で構成されている。

レストランと加工場は同じ建物であり、建設には三〇〇〇万円を要した。うち、県からの補助金が一五〇〇万円、旧栗野町の補助金が九〇〇万円、残り六〇〇万円は自己資金で建てた。

六〇〇万円は借り入れたが、一〇年で返済し終わっている。

現在、直売所の年売上額は一二〇〇万円、うち半分が加工品である。当初はメンバーが自宅で加工品を作っていたが、加工場にグループが集まって作るようになり、直売所との一体感が生まれている。また、直売所は品揃えが少なくなる冬場をどう乗り切るかが課題であるが、加工品をいくつか展開することにより、冬季の売上ダウンを抑えることにもつながっていった。特に、「味噌の売上が一番」とのことである。

なお、現在、直売所は月・木曜日が定休日で、平日一〇〜一五時、土・日・祝日は八時三〇分〜一六時三〇分の営業となっている。

## 二　そばの農村レストランを展開

一方、農村レストラン「そばの里永野」は地域の生産者を巻き込んだ動きへと発展していった。永野地区では、もともと主婦がそばを打つのは当たり前。みな、こだわりの味を持っていたが、開店前には「そばの里永野」の味を統一したものに作り上げていった。そば部会の代表である白澤千恵さんは、「味の統一はたいへんだった」と振り返る。

写真1—3　そばの里永野の「そば」。山菜のテンプラがついている

**「そばの里永野」の取り組み**

地元産一〇〇%のそば粉を使用し、地域の生産者から一俵（四五キロ）を三万円程度で購入している。地元のJAが買い取る値段は一万円以下であるから、三倍以上の値を付けているのである。生産者の励みになればとの思いで、地元四〇戸の農家から毎年一〇〇俵を買い取っている。永野地区のそばの作付面積は以前の一〇町歩から、現在では五〇町歩にまで増えた(3)。

そうして生産者から買い取った玄そばの実を天日干ししてから、自家製粉にしている。そば粉に小麦粉、卵白、水を加え、丹念にそばを打つ。もりそば四〇〇円、ざるそば四五〇円、天ぷらそば五〇〇円という低価格で提供されていた。

そして、この永野そばの味に惹きつけられてやってくる客が、年間三万人を超えるまでになっ

た。しかも、営業は土、日、祝日のみである。当初は地元客が多かったが、今では東京や埼玉からやって来る客も少なくない。ファミリー層も増えてきた。もちろん、売上額も右上がりであり、年間二一〇〇万円に達している。この収益で建物の費用を一〇年で返済し、運転資金も借り入れないでやっていけるほどに、経済的にも自立してきた。

また、遠方からやってくる客に、永野の自然に触れてもらおうと、店の周りには福寿草を植えるなどして、景観を大事にしている。こうした、ちょっとした気配りも怠らない姿勢が、「永野そば」ファンを生んでいるのであろう。会長の大森さんや白澤さんは、こうした取り組みを実に楽しそうに語るのであった。

写真1―4　そば部会代表の白澤千恵さん

**双方向の都市・農村交流に**

さらに、興味深いのは都市・農村交流の場としても機能していることである。

大森さんたちは、月に一度、東京都墨田区の白髭団地で「グリーンマーケット」を開催している。毎月第一日曜日に、野菜や加工品を青空市形式で販売。二トン車を運転し、直売所のメンバー二人が日帰りで対応している。団地住民を中心に、一日の売上額は二〇～三〇万円に達している。そもそも、墨田区と旧粟野町は姉妹都市であり、墨田区は粟野町に「墨田区自然学園」を設置し、区内の小学生が旧粟野町で自然体験をしていた。こうした姉妹都市交流の一貫として、一九九六年から「グリーンマーケット」を開催してきた。年に一度の「すみだまつり」にも出店するなど、墨田では馴染みの存在となっている。

一方で、「そばの里永野」では「ふれあい農業体験」も実施している。年に二度あり、八月半ばには、そば打ち体験に四〇人程度が集う。また、三月の農業体験には、約二〇人の子どもたちやファミリー層が参加する。ジャガイモ、トウモロコシ、サツマイモ、里イモなどを半日かけて収穫し、午後はそばを食べるという日帰りプランである。参加費は一人五〇〇〇円。東京や宇都宮などから、家族連れがやって来る。これも、一九九六年から実施し、活動は口コミを中心に広がってきた。

このように、都市と農村の双方向の交流実績も積み重ね、本業の農村レストランや直売所と相乗効果を発揮しているのであった。

## 三　地域ブランド「鹿沼そば」の確立へ

二〇〇六年一月一日に、鹿沼市は粟野町と合併し、新しい鹿沼市が誕生した。これに伴い、鹿沼市はそばの作付面積、生産量ともに栃木県一となった。そばを核にした農村レストランの動きは、永野地区を超え、新鹿沼市全体に広がりつつある。

**「鹿沼そば振興会」を設立**

二〇〇七年には「鹿沼そば振興会」が設立された。現在、会員は三三名となり、「そばの里永野」のような農村レストラン、まちのそば屋、製麺業者などが名を連ね、大森用子さんが代表を務めている。

「鹿沼そば認証店」は、「鹿沼そば粉を一〇〇%使い、他の地域のそば粉を含まない」「そば粉の含有率が七〇%以上で、しかも手打ちである」という二つの条件をクリアしなければならない。認証店三三店を紹介した情報誌『鹿沼そば』も作られている。店には、オリジナルマークを模した「のぼり」も掲げられている。さらに、鹿沼名産のニラを使った「ニラそば」を新メニューとして採り入れる店も相次いでいる。目標は「鹿沼を関東一のそばの郷にすること」。

このように「鹿沼そば」は地域ブランドの確立に向けて歩を進めつつあった。

## イベント「そば天国」の開催

「鹿沼そば」の名を広めることになったのは、イベント開催である。これまでに二度、「そば天国」と題したお祭りを一一月末の土日に実施している。認証店を中心に一二店が出店し、食べ比べなどを行っている。二日間で二万人を動員するほどの集客となった。そして、第一回目には「もりそば」を統一メニューとして、どの店がおいしいかを投票してもらったところ、「そばの里永野」が堂々の第一位を獲得。二日間で二〇〇〇食（一食分は通常の半分の量）を完売し、おいしさと販売量の両方で第一位に輝いたのであった。大森さんと白澤さんは、「みんな嬉しくて、たいへんな励みになった」と顔をほころばせていた。

写真1—5 「鹿沼そば」の代表的存在に

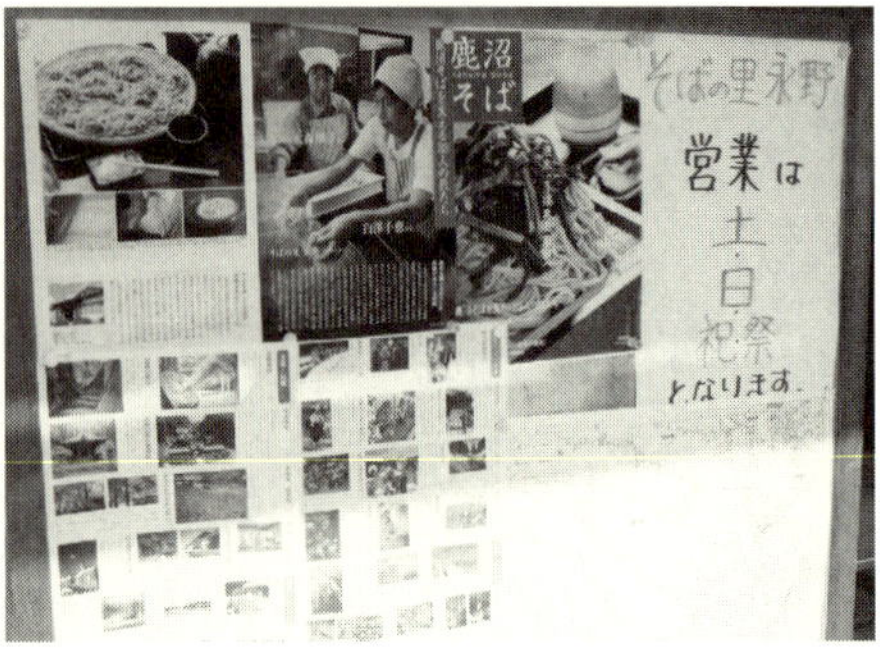


　こうして「鹿沼そば」は、①認証制度の設定、②情報誌作成＝マップ作成、③イベントの開催といったプロセスを経て、地域ブランドを形成しつつある。この三つは、「食」の地域ブラ

ンド化に向けて必要不可欠な要素ともいえよう。(4)

三点セットの中でも、農村レストランは農家の主婦がこだわりの「食」を提供し、「おもてなし」をすることにより、「食のプロ意識」が醸成されていくことにつながる。こうした動きが、面的に広がっていき、地域ブランド「鹿沼そば」の確立にもつながっていったのであった。

## 四 「三点セット」による集落ビジネス

このような一連の「そばの里永野」の取り組みは、集落の活性化を意識したものである。「そばの里永野」が先駆的な存在となり、栃木県下では農村レストランや直売所を核にした地域活性化が進められてきた。

栃木県では「農村レストラン」を「地域の農業者が共同で、または市町村・農業協同組合等が、主体となって、地域の活性化や農業振興をめざし、地場農産物等を農業者自らが料理して提供する施設」と定義している。こうした定義を意識して、県や市町村が共同で補助制度を作り、集落の自立を促してきた。一九八八年にそばの「農村レストラン」第一号としてスタートした佐野市旧葛生町の「仙波そば」を皮切りに、一九九五年にオープンした「そばの里永野」などが先導役となり、集落そば事業は県下全域に飛び火していった。(5)

## 「農産物直売所」「加工場」「農村レストラン」三点セットの強み

中山間地域活性化の三点セット「農産物直売所」「加工場」「農村レストラン」には、いろいろな組み合わせ方が考えられる。まず、直売所をスタートさせ、次に加工場や農村レストランを付設させていくことができれば、かなりの規模の事業に発展するであろう。加工場は、直売所の商品構成を豊かにするとともに、余り物の食材を再利用することにもなる。また、新たな仕事を生み出していくことにもつながる。

さらに、各地では、個人で加工品を出荷するケースよりも、グループで加工品を製造するケースが目立つ。それは、生活改善グループの活動が農村地域に浸透していたからだと思われる。部会に分かれ、味噌部会、漬物部会など部会を構成していることも、生活改善グループのあり方と類似している。

そして、全国的にみれば、こうした生活改善グループの活動が加工に乗り出し、口コミやインターネットで火がついた例は少なくない。例えば、岐阜県郡上市の明宝レディースによるトマトケチャップはその一つであろう。(6) いまや全国ブランドにまでなっている。

「そばの里永野」の特徴は、こうした部会活動の一つとして、そば部会が構成され、そばのレストラン事業に取り組んできた。組織としては、直売所を母体としつつ、その傘下に加工部会があり、部会の一つが「そば」となっている場合も目立つ。直売所、加工、農村レストランは独立ではなく、一体化されたものが案外、多い。

この一体化の強みは大きい。直売所は農家や生産者が主体の活動であるが、加工や農村レストランへの参加者は生産者に限らないからである。中山間地域の多くは農家であるが、地域の人たちに開かれた産業活動の場があることの意義は計りしれない。

### 集落の活性化に馴染みやすい

また、三点セットの一体化は、事業の広がりを感じさせる。実は、「農」「食」をキーワードに、一次産業（農業）、二次産業（加工）、三次産業（直売所と農村レストラン）、と「六次産業化」が達成されているのである。

この「六次産業化」とは、東京大学名誉教授の今村奈良臣氏が唱えた言葉であり、一次産業×二次産業×三次産業＝六次産業とされる。足し合わせるのではなく、掛け合わせるのは、一次産業がゼロになったらいくらかけてもゼロになるという警鐘を鳴らすためという(7)。この六次産業化が、実は三点セットの「直売所」「加工」「農村レストラン」で実現できることに農村の女性たちは気付いたのであった。しかも、たいそうな事業を起こす必要はなく、従来の生活改善グループを母体に展開できるのである。

こうした理由から、三点セットは、集落の活性化に馴染みやすいことが分かる。女性たちが主役で、生涯現役で続けられることもポイントであろう。

## 広域化する地域の中で

さらに、集落による直売所やそば事業が地域ブランドにまで発展してきた。栃木県では「日光そば」「足利そば」「鹿沼そば」などといったブランドイメージが確立されつつある。この場合、地域の範囲は、隣接する二〜三の市町村で形成されているようである。栃木県が二〇〇九年二月から進める「食の回廊」の動きとも連動しており、各地域ブロックによる「食の回廊」づくりに力を入れている。

中でも「鹿沼そば」の動きは最近の市町村合併後のことであり、新しい取り組みとして興味深い。協議会を設立し、イベント開催などを重ね、知名度を上げている。農村レストランも、各店が連携を取りながら面的な動きを図っていく時代となってきた。これまでの集落による直売所や農村レストランの立ち上げが第一期とするならば、現在は地域の内外での連携に向けた第二期に突入しているのではないか。こうした連携の動きがうまくいけば、地域ブランドとして深く定着していくことになろう。直売所や農村レストランの動きも安定したものとなり、次なる段階に差し掛かっていることがうかがえる。県もこうした動きを全面的に後押ししていることも興味深い。

しかし、いくつか栃木県下の直売所を回って気になったのは、「新市になり、行政との付き合いが薄くなった」という声であった。合併で地域が広域化し、周辺地区となったところほど、そうした問題は深い。栃木県が立ち上げた「食の回廊づくり」では、市町村と連携を図りながら、小さな地区の取り組みにも目を向けていくことが課題とされるであろう。

### 「三点セット」が集落ビジネスに

農産物直売所、加工場、農村レストランへと集落ビジネスを飛躍させてきた「そばの里永野」。一五年前、回覧板で同志を募るところから始まった小さな直売所の活動は、女性たちが初めて自分の口座を持つことを可能にし、それが弾みとなって、直売所から加工場、農村レストランを展開、さらに都市部への出張直売所、農業体験など、次から次へと永野地区の女性たちは集落ビジネスを手掛けていった。特に、玄そばの価格をJA価格の三倍以上で買い取り、地元生産者の営農意欲を高め、地区のそば作付面積を五倍に増加させたことは特筆すべきであろう。

さらには、地域を巻き込むことによって「鹿沼そば」ブランドの確立にまで発展しつつある。旧町の小さな直売所の活動が、今では新市を巻き込む大きなうねりとなってきた。

「そばの里永野」の取り組みは、女性たちによる集落ビジネスの一つの先駆的なモデルであろう。地域の人びとの「暮らし」を豊かにし、「生きがい」を提供し続けたいという大森さんたちの思いが、ここにきて実を結びつつある。

（1）関満博・松永桂子「栃木県で進む『農村レストラン』の展開――中山間地域の人びとの取り組み」（『商工金融』第五九巻第八号、二〇〇九年八月）を参照されたい。
（2）財団法人都市農山漁村交流活性化機構『きらめく農家レストラン』二〇〇七年、のデータを参照。
（3）こうした生産者を巻き込んだ栃木そばの動きは、関満博「栃木そば／中山間地域の農村レストランの展開」（関満博・古川一郎編『中小都市の「B級グルメ」戦略』新評論、二〇〇八年）を参照されたい。
（4）「食」の地域ブランド化に関しては、関満博・遠山浩編『「食」の地域ブランド戦略』新評論、二〇〇七年、関満博・古川一郎編『「B級グルメ」の地域ブランド戦略』新評論、二〇〇八年、関満博・古川一郎編『中小都市の「B級グルメ」戦略』新評論、二〇〇八年、関満博・古川一郎編『「ご当地ラーメン」の地域ブランド戦略』新評論、二〇〇九年、を参照されたい。
（5）関・松永、前掲論文を参照されたい。
（6）この「明宝レディース」については、長崎利幸「中山間地域における産業振興――第三セクターによる村おこし」（関満博・小川正博編『21世紀の地域産業振興戦略』新評論、二〇〇〇年）を参照されたい。
（7）六次産業化の意味については、今村奈良臣「農商工連携の歴史的意義」（『農業と経済』二〇〇九年一・二月）を参照。

第2章　富山市池多地区

# 多様な地域貢献に発展する直売所

## ――農村女性の「学び」から生まれた「池多朝どり特産市」

西村俊輔

富山県富山市西部の畑作地帯・池多地区で展開される農産物直売所「池多朝どり特産市」は、農村女性が始めた「郷土料理勉強会」が契機となって誕生、彼女たちの弛まぬ努力によって、広範囲に固定客を有する北陸屈指の直売所に成長してきた。そして今、その活動の範囲は特産市という域を超え、実に幅広い地域貢献活動に発展している。特に「自らの学びを地域に還元する」という行動原則に基づいた、地元の池多小学校児童を対象とした「食育」活動はまことに興味深い。豊富な経験と知識を有するシニア層から将来の池多を担う子どもたちへ、一つの地域の知恵が「伝承」されていくものであり、少子高齢化に直面しているわが国の中山間地域が向かうべき方向性の一つを示している。

### 一　「朝どり」をモットーとする県内屈指の直売所

池多地区は、北陸自動車道富山西インターチェンジをおり、国道三五九号線に沿って西南方面に一〇分程度走ったところにある農村地帯である。この地は元来、畑作に適した土壌を有し、一九八二年には県で初めての灌漑用ダム「古洞ダム」が建設され、県内有数の畑作地帯として発展してきた(1)。池多朝どり特産市は、この池多地区において展開される農産物直売所である。

### 徹底的な「朝どり」へのこだわり

特産市は、毎年五月上旬から一二月上旬までの、毎週日曜日と水曜日の午前一〇時から一二時までの時間帯に開催されている。日曜日は古洞ダムの側に立地する公共温浴・レクリエーション施設「自然活用村・古洞の森」の駐車場、水曜日は西押川の旧ＪＡなのはな駐車場が使われている。池多の大地で育まれた良質な野菜や果実、生産者の作る農産加工品の数々が並び、その種類はゆうに一〇〇を超える。朝一〇時の開業時間にもかかわらず、九時半にもなれば長蛇の列ができ、開店を待ち望む客であふれかえっていく。顧客の来る方面は、近くの高岡・射水等の周辺市町村、さらに、石川や岐阜といった県外に及ぶ。元々は日曜のみの開催であったのだが、人気の高まりを受けて、数年前から水曜日も定期開催するようになった。開業一二年目を迎えた現在、売上は年一二〇〇万円台を安定的に確保。開始当初の三〇〇万円台の四倍に規模を拡大している。

特産市の最大の強みは、池多特有の肥沃な大地と、生産者の徹底的な「朝どり主義」が生み

写真2—1　池多朝どり特産市

出す最高級の農産品である。丘陵地にある池多の土壌は「水はけが良い」「通気性がよい」といった野菜栽培に適した条件を備えているが、特産市ではこうした好条件を最大限に活かすべく、すべての産品が「朝どり」されている。

一般的な直売所では、朝一番の開店のために前日夜に農産物を収穫しておくことが多いが、ここの生産者は営業日当日の未明に畑に出、その時点で最も旬の状態にあるものを厳選し、洗い、袋詰めをし、直売所に持ってくる。開始時間が一般的な直売所に比べ遅いのも「朝どり」ゆえのもの。当初顧客からは、開店を早めてほしいといった声があったが、そうした顧客も、取れたての品を口にした瞬間、その味に感動し、池多の農産物の虜になっていくのであった。富山県農業委員会副会長兼富山市農業委員会会長の田口清信氏は、池多直売所の品のレベルは県内最高であり、一度ここのモノを食べるともう他のものは食べられなくなる、と太鼓判を押す。

**「富山池多・食と農を考える女性の会」**

特産市を運営するのは、池多の農村女性を中心に組織された任意組合「富山池多・食と農を考える女性の会」である。その前身となる農村女性グループ時代を含め、今年で発足一四年目を迎える。加入する一九名の生産者はほぼ全員六〇歳代から八〇歳代までと高齢であるが、病気等で脱会した会員を除けば、発足以降一名も退会せず、共に歩んできた。その結束力の強さは、先述の田口氏をして「県内一」と言わしめる程である。そして消費者にモノを売るプロ意識も群を抜いている。

会のメンバーは、特産市開催の都度、持ち寄った品の質等について互いに入念なチェックを行う。店に出すべきか否か、品質と価格はバランスが取れているか、出品量は適正かといった検討を行い、皆が認めた品のみを店に並べていく。そこには、仲間どうしの馴れ合いや甘えは一切ない。消費者に最高の品を提供するべく、皆が自覚と責任を持ち、時には仲間に厳しい態度で接する。こうした努力が特産市全体のブランドを高いレベルに維持してきた。

直売所の仕事は決して楽ではない。特に朝どりのためには睡眠時間が削られる。メンバーの

写真2―2　池多・食と農を考える女性の会　店頭に並ぶ女性たち（右端が栗山美知子代表）

中には、日中は働きに出ている方もいる。腰の曲がってしまった方、足を悪くされた方もいる。近年は活動の幅も広がり一層多忙を極めてきた。しかし、こうした厳しさの中でも、彼女たちは一時も「辞めたい」と思ったことはないという。その理由を一人に尋ねると「地域のために仕事をすることが楽しいから」ということであった。所属する組織ができた。自分の名刺をもらえた。名刺を配り挨拶をした。自分たちの店ができた。自分の預金口座ができた。看板が立った。様々な人びとと出会い、自分の農作物を喜んでもらえた。こうした喜びが、彼女たちの生き甲斐を生み出しているのである。

## 二　小さな郷土料理勉強会から始まった農村女性たちの歩み

女性の会の会則を見ると、そこには「会の目的」として「郷土の風土が育んだ伝統的な食文化の伝承と、土づくりを基本とする農業の研究により、豊かな食生活と健康づくりを推進するとともに、地域の活性化に努める」とある。そして「事業」として次の五つが規定されている。

①　食文化についての調査研究
②　食と健康についての意識の啓発
③　郷土食の見直しと特産品の開発
④　地域に適した高品質な農産物の栽培と研究
⑤　その他目的達成のために必要な事業

会の活動の軸は、池多の食文化などに関する事柄について「自らの学びを地域に還元する」という点に置かれている。その目指すところは「豊かな食生活と健康づくり」、そして「地域の活性化」ということである。直売所はあくまで一つの通過点であり、その先により崇高な目標を見据えているのである。ここが女性の会の最大の特徴とも言える。
本節では、会の設立経緯から、特産市の開設、そして現在に至るまでの歩みをたどり、女性の会の活動の発展過程を見ていくことにしたい。

**地域資源の危機を背景に生まれた農村女性たちの「誓い」**

肥沃な大地により長らく野菜等の栽培で栄えた池多の農業は、一九九〇年代初めに本格化した海外輸入農産物との価格競争激化を主因として、縮小に向かっていく。農産物価格の急落により「箱代」さえ回収できない状況に追い込まれていった池多の農家は、やがて生産意欲を失い、専業から兼業、また、販売農家から自給的農家へ移行していく。兼業化していった農家の女性は、主人が働きに出ている日中、畑で獲れた野菜を農協に持って行くが、その度に、グローバル化が招いた現実を目の当たりにし、無力感を味わってきたのであった。
しかし、農村女性の間から一つの動きが始まっていく。それが、一九九五年に始まった池多の郷土食に関する自主的な勉強会であった。池多の農産品が良質であることは知っていたが、そのルーツを知らなかった。改めて自らの地域資源を見直し、そこに何らかの突破口を見出そうとしたのであった。彼女たちは、歴史書を紐解いての勉強から、地質の研究まで幅広い研究を重ねていく。彼女たちのこうした主体的な「学び」は、それまで知らなかった様々な発見を

写真2—3 「ふるさと薬膳」のパンフレット

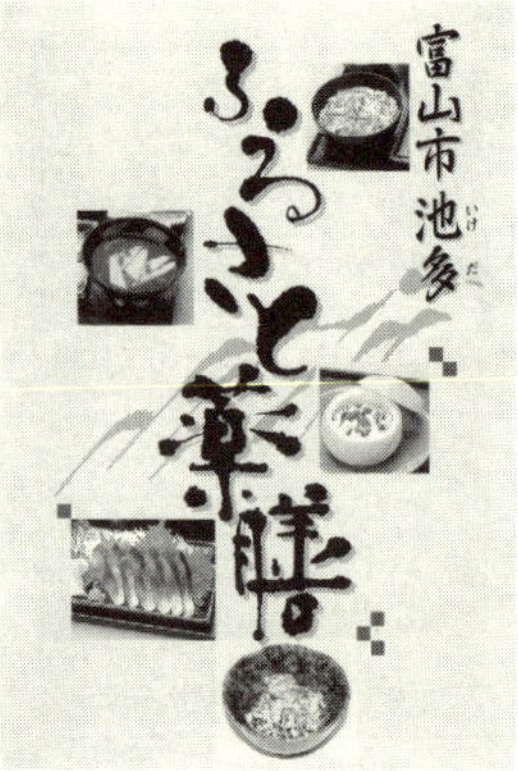


もたらした。かつて池多の地に生きた先人が、野菜の効能を駆使して様々な健康食や保存食を作っていたこと、そして池多の食材がいかに恵まれていたのかということであった。メンバーは皆、こうした事実に驚嘆し、感動した。そして、池多の郷土料理や食を復興させ、次世代に伝承していこうと誓ったのであった。

その後、郷土料理の専門家を東京から招き、池多の食資源を活用した本格的な郷土料理開発事業を展開していく。そして一九九七年、百種類にも及ぶ健康料理レシピ「ふるさと薬膳」を開発、彼女たちの活動の黎明期を代表する知的財産となった。この活動を起点として、彼女たちは直売所の開設に向かっていくのである。

### 女性の会発足と特産市の歩み

女性の会のメンバーは、一九九七年三月二四日、郷土料理開発等の取り組みを、内輪の活動に終わらせたくないという思いから、任意組合「富山池多・食と農を考える女性の会」を設立させた。そして、地域の食文化の伝承という目的の達成に向けた次なる取り組みとして、一九九七年六月に特産市をスタートさせる。

品物の質は申し分ない。これにそれまでの「学び」から得た知的財産を付加させていく。一つひとつの農産物に、各生産者が責任をもって説明し、加えて池多の地域の魅力も伝えていった。自分自身の学びから得た感動を、今度は特産市を訪れる人びとに味わって欲しいという思いが、彼女たちのエネルギーの源となっていったのである。

開業二年目には、早くも二次加工に進出する。一九九九年には菓子製造・総菜製造・仕出し屋の営業許可を取得し、古洞の森の施設を賃借、作りたての加工品を提供できる環境を整備していく。金時豆を用いた「金時豆おこわ」や、里芋やゴボウなどの根菜類が多数入った「のっぺい汁」「里芋おはぎ」など、郷土料理開発の経験に基づき開発された加工品は、今も特産市の人気商品となっている。

開業二年で直売所と食品加工の事業を軌道に乗せた女性の会は、三年目となる一九九九年から活動の幅を広げていく。その主たる方向は、地域コミュニティへの積極的な参画であった。池多地区内のスポーツ大会や祭り等での加工品の提供、富山市中心市街地での出張朝市の開始(一九九九年)、空洞化した空き店舗を利用した地産地消アンテナショップ共同開設(二〇〇四年)など幅広く展開していった。その全てをここで紹介することはできないが、次節に紹介する池多小学校への食育活動をはじめとして、その活動一つひとつに「池多の食の魅力を伝えたい」という思いを込め、寝る間も惜しんでの努力を重ねてきたのである。

## 三　池多小学校への「食育」活動

女性の会が展開する地域貢献活動のなかでも、とりわけ注目に値するのが、地元の富山市立池多小学校の児童に対する「食育」の活動であろう[(2)]。女性の会は、地区内に唯一の小学校である池多小の児童が、池多という地域の将来を担う最も有望な人材であるとして、自らの経験や学びによる知識を、様々な形で子どもたちに伝えているのである。

### 女性の会と池多小学校の多様な連携

二〇一〇年で創立一三七年となる池多小は、市内六五ある市立小学校の中で、生徒数は下から数えて三番目の五四人（男子二五人・女子二九人）と、規模は極めて小さい[(3)]。女性の会と池多小との出会いは二〇〇一年のことであった。その年の五月、女性の会のふるさと薬膳の取り組みがＮＨＫの番組で報道されたのを当時の高木校長が目にし、女性の会に児童に向けた食育をして欲しいと要請したことがその始まりであった。女性の会は二つ返事で快諾し、池多小への食育活動が始まることになる。

女性の会はまず、児童に池多の料理を知ってもらおうと、給食に郷土料理を提供する事業から始めた。その後、メンバーが実際に小学校に赴き、芋まんじゅうづくり教室、さつまいもの菜園指導、ＰＴＡも交えた給食会の開催等、児童との直接交流するイベントを相次いで企画・開催していく。さらにその年「おしえてあげたい富山の味・池多の味」と題した「子ども討論会」を開催、五・六年生や教員とともに「県外の人びとに富山のどのような食文化を紹介したいか」「どうして池多で採れる野菜は美味しいのか」といったテーマで活発な議論が交わされた。

そして二〇〇六年一一月には、池多小の児童が特産市の店頭に立って実際の販売を体験する「体験朝市」が開催された。そこでは、子どもたちが実際に生産者と協力し、商品を消費者に販売する試みがなされた。地元マスコミでも大きく取り上げられたこの活動で、子どもたちは従来得られなかった「モノを売ること」「商品を消費者にＰＲすること」といった経験を積むことができた。この過程では、子どもたちとて真剣に商品のことを学ばなければならない。そこに女性の会のメンバーとの緊密なコミュニケーションが生まれ、彼女たちの知識が子どもたちに深く吸収されていった。その後、子どもたちの保護者からは、スーパーなどでの買い物に際して、学んだ知識を基に品選びをするといった行動も見られるようになったという報告が、女性の会になされている。

写真2—4　いもまんじゅうづくり教室

写真提供：栗山美知子さん

このように、地域の子どもたちが大勢集まる場所に積極的に出向き、地域の食材を用いた多様な活動を展開していったのであった。女性の会は活動の折々に、自分たちの経験や学びを通じて得た様々な知恵を、子どもたちに伝えていった。そして子どもたちは、池多の魅力を知り、新たな発見を重ね、女性の会がかつて経験した感動を共有していった。そこには、一つの地域の知恵が、経験ある世代から次の世代へ伝承されていく現場が、見事に展開されていたのである。

## 自らの学びを地域へ還元する

女性の会メンバーの強みは、全員が、池多の食や農について実に幅広い知識と高い説明能力を備えているという点である。農産品そのものについては言うまでもなく、育て方、良い土の作り方、歴史や農業の歴史、はたまた「食の安全」といった最近のテーマまでと幅広い。活動がここまで継続しかつ成長してきた要因には、その活動の軸に「学んだ知識を地域に還元する」という活動を基本としていたことが、大きいように思う。自分が学んだことを誰かに伝える。それがその人に小さな感動を与える。あるいは新しい発見を与える。これが繰り返し行われることで、地域全体に彼女たちの思いが浸透していったのである。

その社会的な評価は、女性の会がこれまでに獲得してきた表彰を見れば明らかであろう。団体として、「富山市優良農業者表彰」（一九九八年）、「食祭とやま実行委員会名誉会長賞」「富山県農村文化賞」（以上、二〇〇二年）、「地域に根ざした食育推進協会会長賞」（二〇〇四年）、「平成一七年度農山漁村女性チャレンジ活動表彰」（二〇〇五年）、「北陸農政局地産地消優良活動表彰」（二〇〇七年）を受賞してきた。

また、女性の会代表の栗山美知子さんは、今や富山市内外から講演等の依頼が殺到する「人気講師」となっている。栗山さんは、筆者が取材に訪れた際も、次週に予定されている勉強会で話すトピックを、自分で作成した大きな説明ペーパーによって説明をしてくれた。その目は深い輝きを帯びており、「自分が学んだことを誰かに伝えたくて仕方がない」とでも言わんばかりであった。栗山さん自身、個人で「富山県農林漁業功労者表彰」

写真2—5　「食の安全」について熱心に筆者に説明する栗山代表

（二〇〇六年）を受賞している。二〇〇五年一〇月から富山市総合計画審議会の委員となり、益々その活躍の場を拡げている。今後も栗山代表をはじめとした女性の会メンバーの、一層の活躍を期待したい。

## 四　池多のアイデンティティを次世代へ伝承する存在として

以上にみてきたように、農村女性の小規模な勉強会に端を発する活動は、多くの方面から常連客を呼び寄せるこの地きっての直売所を創り出し、さらには地域の多くの人びとを巻き込んだ幅広い地域貢献活動に発展してきた。活動の初期の勉強会を通じて、彼女たちの中に眠っていた「学びの喜び」を呼び覚まし、それが彼女たちの地域への愛情と地域の将来への希望、そして弛まぬ向学心と努力によって「地域の伝承」活動を確立させた。これが今や、地域の将来を担う子どもたちに大きく波及するまでに成長してきたのである。特に、池多小児童への「地域の伝承」活動は、少子高齢化に悩む中山間地域に一つのヒントを与えてくれるように思う。

### 「地域のアイデンティティ」を存続させるために

今や全国に一万を超えるとされる農産物直売所は、農村レストランや観光農園等とともに、その市場規模を拡大させている。直売所それ自体は地道に行われているが、それは地域の「未来」に重大な影響を与えている。その最たるものは、農村に生きるシニア層の新たな生き甲斐の創出であろう。それ自体は実に有意義なことであるし、現時点のわが国の中山間地域がまず向かっていくべき方向性の一つであることは間違いない。

しかし、中山間地域の現実を直視すれば、彼女たちの活動にもやがて「次のステップ」が必要になってくるであろう。全国に数ある直売所は、あくまで農村女性相互の「内輪」の活動として展開されている例が少なくないが、これが仮に、地域の将来を担う次世代へつながっていくならば、それはいっそう意味のあることであろう。池多の事例は、まさにこの点を粛々と実践しているのであり、短期的な成果とはならなくとも、中長期的にみて、池多という地域のアイデンティティを未来へ存続させていくための重要なステップであろう。全国の農村女性にとって、本事例が何らかのヒントとなり、各々が「次のステップ」に踏み出すための一助となればと願う。

もっとも、池多のような成功は、女性の会のみならず、池多小学校側の努力も大きな要因となっていることは言うまでもない。女性の会の考えへの共感と理解、活動への協力など、校長以下、教職員が児童と女性の会の連携を促す努力を続けてきたからこそ成し遂げたものであろう。子どもたちにとって、小学校は家庭の次に多くの時間を過ごす場所である。ゆえに、今後、

写真2—6　下校途中に特産市に立ち寄った池多小の児童たち（実は皆、女性の会メンバーのお孫さん）。

わが国の初等教育機関、特に中山間地域に身を置く教育機関が、自らの存在する地域の将来のためにいかなる役割を担っていくべきかを、従来の枠を超えて検討していくことも求められていくであろう。そこに、池多小の活動がきっとヒントとなるであろう。

### より多くの地域住民の取り込みを

近年、二〇歳代から三〇歳代の主婦たちの間で、女性の会への参加を希望する人びとが増えている。なかには、最近池多に嫁いできた中国人女性が、直売所に通うなかで女性の会の活動に興味を抱き、ある朝、自主的に創った漬け物を携えて直売所を訪れてきたという。女性の会は彼女を喜んで招き入れ、今彼女は立派なメンバーとして直売所運営にあたっている。また、池多小の子どもたちの多くが、下校途中に特産市に立ち寄るようになってきた。立ち寄るたびに、一つひとつの商品について子どもたちなりの関心などをぶつけてくる。子どもたちから能動的に「地域の食を知りたい」という行動がなされている。特産市の「次世代への継承」はもう始まっているのである。

**表2―1　池多朝どり特産市の概要**

開　業　月：５月上旬～12月上旬（水曜は７・８月のみ）
曜日・時間：日曜および水曜／ＡＭ10：00～12：00
開設場所：（日曜）　古洞の森・自然活用村駐車場（富山市池多1044）
　　　　　（水曜）　ＪＡなのはな前（富山市西押川1436）

※この他、市中教院前通りアーケード内で毎週木曜日に出張朝市を実施しているほか、富山市中心市街地で市内他団体とともに地産地消共同アンテナショップの運営を通年実施する（水曜定休）。

今後も池多の将来を担う人びとに積極的に働きかけ、直売所をはじめとした活動をこの地に根づかせていって欲しい。

私たちは、この池多朝どり特産市に足を運び、池多の大地が生む最高級の農産品、そして、池多の明るい将来に希望を抱く女性たちに出会うならば、中山間地域の「明日」に新たな可能性を発見することになろう。彼女たちはいつでも私たちを快く迎え入れ、すぐさま、彼女たちによる「食の授業」が始まっていく。そして、私たちは池多という地域の人びととの「出会い」に感動し、中山間地域の未来に大きな「希望」を見出すことになるであろう。池多の女性たちの取り組みは、それほどのものなのである。

（1）池多の起源は、一八八九年に一つの集落から誕生した婦《ね》負《い》郡池多村に遡る。一九五九年に、土代《とだい》・椎土《しいど》を中心とする村北部の集落が射水郡小杉町に分村し、残りが呉羽町に編入される。呉羽町はさらに一九六五年に富山市に、小杉町は二〇〇五年の平成大合併に際し射水市に編入された。

このような特殊な背景から、池多は「富山市池多」と「射水市池多」に分かれ、現在に至っている。本章でいう池多は「富山市池多」である。こうした池多の経緯については、北日本新聞社編『富山県大百科辞典』北日本新聞社、一九九四年、を参考とした。

（2）「食育」に明確な定義はないが、世間一般には「様々な経験を通じて食に関する知識と食を選択する力を習得し、健全な食生活を実践することができる人間を育てること」というような概念とされている。

（3）富山市統計（富山市ウェブサイト http://www7.city.toyama.jp/）。

# 第3章　長野県伊那市／日本最大級の直売所の展開
## ——ネットワークの形成に向かう「グリーンファーム」

関　満博

全国に農産物直売所が広く展開しているが、長野県伊那市に実に興味深い直売所「グリーンファーム」が展開していた。会員数約一六〇〇名、年売上額八億五〇〇〇万円、年売上額一〇〇〇万円以上の出荷者が三名、五〇〇万円以上が五～六名というのであった。また、従業員は正社員三〇人、パートタイマー一〇人の四〇人体制であり、中山間地域に新たな雇用を生み出していた。そして、その主宰者の小林史麿氏（一九四一年生まれ）の経歴、直売所に対する考え方も実に興味深いものであった。おそらく、このグリーンファームは、ＪＡ系を含めても日本の農産物直売所としては最大級のものの一つであろう。

その成り立ち、考え方、仕組み、将来的な展望は、日本の多くの直売所に大きな影響を与えていくことになろう。

## 一　独自の「長野県産直・直売サミット」を主宰

長野県は全国の中でも、農産物直売所の盛んなところだが、その長野県で二〇〇六年三月から「長野県産直・直売サミット」が毎年春先に開催されている。主宰しているのは、小林氏のようであった。最近の第四回の二〇〇九年は、二月九日～一〇日に東御市で開催された。

さらに、長野県では月刊の『産直新聞』なるものが発刊されている。その編集部はグリーンファームの建物の二階にあり、主宰者である小林史麿氏を中心に運営されていた。長野県はこれまでも実に個性的な人物を生み出してきたが、農産物直売所の世界で、小林氏は日本ばかりではなく、中米などの途上国にも大きな影響を与えているようであった。

### 長野県の直売所サミットの展開

二〇〇六年三月二五～二六日の二日間にわたって「第一回長野県産直・直売サミットin伊那」が開催された。主催者はその実行委員会ということになっているが、実行委員長の小林史麿氏が開催を主導したものであった。このサミットには長野県の直売所関係者を中心に二七二人が参集し、活発な議論が重ねられた。

写真3—1　グリーンファームの入口

写真3—2　小林史麿氏

この記録は『産直・直売が拓く信州の農業』[1]というタイトルで刊行されている。直売所をめぐる興味深い議論が掲載されており、今後のこの種の議論を深めていく場合の貴重な証言集となっている。

第二回目は二〇〇七年三月一四～一五日に長野市で開催され、六〇〇〇人が参加している。さらに、第三回目は二〇〇八年三月一四～一五日に安曇野市で開催され、七五〇〇人が参加した。年々、その輪は拡がっているのである。

元々、このサミットは、二〇〇五年一〇月に、財団法人都市農山漁村交流活性化機構（まちむら交流機構）の主催により千葉で開催された「全国直売所サミット（東日本大会）」に参加した小林氏が飽き足らず、長野県版でやろうと言い出したところから始まっている。極めて民間的な発想によるサミットとして興味深い。

また、この第一回サミットを契機に、グリーンファームに編集部を置く月刊の『産直新聞』が公刊されていくのであった。直売に関する全国唯一の新聞ではないかと思う。

### 先駆者／小林史麿氏の指摘

この小林氏、二〇〇六年の「第一回長野県産直・直売サミットin伊那」の「『産直・直売所』の未来」と題するパネルディスカッションで、興味深い発言を重ねていた。それは、「産直・直売所運動」にかけてきた指導者の含蓄のあるものであった。ここでは、その一部を紹介しておくことにしよう(2)。

小林氏は、冒頭の自己紹介で「まったく行政とも関係なく、農協さんとも関係なく、独自に直売所を開設いたしております」と挨拶し、「農業政策と産直・直売所の展望」について、以下のような興味深い発言を重ねるのであった。

「もともと日本農業を破壊してきたのは国の農業政策で、それにお手伝いしてきたのが長野県農政で、それを裏付けてきたのが学者グループであったわけです。とりわけ今日深刻なこととして農薬の問題があるわけですが、これは日本の学者が世界に先駆けて素晴らしい数々の農薬を開発した。それで『農薬は日本の農業を守る』と言ったじゃないですか。……それが反省もなく、今日、日本の農業の危機的状況をつくり出した。そして、戦後の農業政策、アメリカ型の農業政策の中で、日本の農業はたいへんに苦しめられてきた。こういうことに農協さんが加わったかどうか私は知りませんが（会場笑）、おそらく大部分が日本農業を破壊する主役を演じてきたんだと私は思うんです」。

「だが今は、学者も、官僚というか行政のみなさんも、現場の声に耳を傾けるべきだ。現場というのは、ただひたすら生産している人だけではなくて、生産しながら販売している人が、一番世の中が分かると思うんです。直売活動に参画している皆さんが一番良く分かる。ただ農協に言われるままにつくっては出荷、つくっては出荷で、いったいいくらになったか分からないという農家の皆さんが現場だと思うと、それは違うだろうなと私は近ごろ思います。……やはり、自らつくったものがいくらになるのか分かる農業をやっていかなければいけない。農協の皆さんも、学者のみなさんも、そういう農家の声をよく聞いてやっていただきたい」と会場に語りかけるのであった。

そして、第一回サミットの総括で、実行委員長の小林氏は「日常のわれわれの直売活動は、地域の皆さんとともに感動を覚える、感動を作り出す、創造するという仕事だということではないでしょうか」と締めくくっていたのであった。

## 二　農産物直売所の始まりとその後

有人の農産物直売所がスタートするのは、早いところでは一九七〇年代中頃とされているが、本格化してくるのは一九八〇年代中頃以降といわれている。[3]当初は、農村の女性が数人、十数人で始めるもの、あるいは、特定の農家が自分で直売を始めるものなどであった。そして、そのような動きが強まる中で、農業改良普及所が農村女性の自立のために推進したり、町村役場が農村の活性化のために支援していくなどが各地にみられるようになっていく。

また、全国的に見ると、地方の小規模町村などでは、役場がかなり意欲的に支援していったことも興味深い。ただし、昨今の市町村合併に飲み込まれた町村に立地していた役場支援型の直売所は、合併後には支援のレベルが低下し、難しい状況になっている場合も散見される。

さらに、農協に関しては、女性部などの要望を受けてスタートしていった場合も少なくない。また、農協が本格的に参入してきたのは、二〇〇〇年前後以降のことであり、後に見る第10章のJAいわて花巻の「母ちゃんハウスだぁすこ」が先駆的なものであったことが知られる。

このような直売所の経験を踏まえ、長野県伊那で小林氏による興味深い直売所がスタートしていくことになった。

## 直売所の草創期

ところで、この小林氏の経歴はなかなか興味深い。伊那市に生まれ、三三歳で伊那市会議員になり、二期で引退している。その後は夫人の始めた児童図書専門の「コマ書店」を手伝い、一〇年。そして、一九九四年にグリーンファームを設立している。小林氏の直売に対する見方は以下のようなものであった。

一九八〇年代の中頃から各地で農村の「直売所」が開始される。当初は余った農協に出せないものの現金化が目的であり、また、高齢者の生きがい、農村女性の経済的自立に寄与するものとして注目され、雨後の筍のように拡がっていった。当初は戸板一枚でもできる簡易なものであった。そして、当初の目的は達成されたものの、それ以上には進化していかなかった。商品の性格にもよるが、「冬はできず、朝で終わり」などが多かった。

他方、直売所の人気が高まるにしたがい、ＪＡの組合員たちからＪＡ主宰の直売所の開催を求める意見が強くなっていくが、それは本来、ＪＡの考え方に反するものであり、なかなか実施されなかった。実施されたとしても、「米は出せない、リンゴは出せない」などの制約が多く、生産者に不満がたまっていった。

このような状況に対して、消費者の立場から直売所を考えていくべきとの考えから、小林氏は自力でグリーンファームを立ち上げていく。当初から「役所、農協の世話にはならない」

写真3—3　迷路のようなグリーンファームの売場

「協同組合的な組織では行き詰まるであろう」「個人が全責任を持つ形にすべき」と考え、小林氏が全てのリスクを負う形で一九九四年四月にスタートしている。

### 消費者の立場から直売所を考える

当初の会員は六〇名であった。立ち上がりの時期はＪＡから大きな圧力がかかったが、「振り切ってスタートした」としている。土地は小林氏の叔父の遊休地を借り、当初、八〇〇〇万円ほどで建物を建てた。その後、増築を重ねている。

小林氏が全責任を負う代表であり、会員は「生産者の会」に組織され、地域ごとに理事を出す仕組みになっている。大方針は年一回の総会で決め、店舗の問題等の経営管理については小林氏が対応していくことになる。
　このグリーンファーム、小林氏が全責任を負うという点からして独特だが、仕組みのアチコチに興味深い仕掛けが張りめぐらされていた。例えば、当初から会員の入会金は徴収していない。また、役所や農協が関係していないことから、会員の地域的な範囲はかなり広い。伊那谷の辰野から飯田周辺の南北八〇キロに及んでいる。南北に広いため、春先の路地物の野菜が長い。二〇日ぐらいは違うとされている。入会の登録は住所、氏名、電話番号、出荷できる作物などを記載するだけである。出入り自由とされていた。

写真3—4　旬の山菜、松茸が出てくるのが魅力

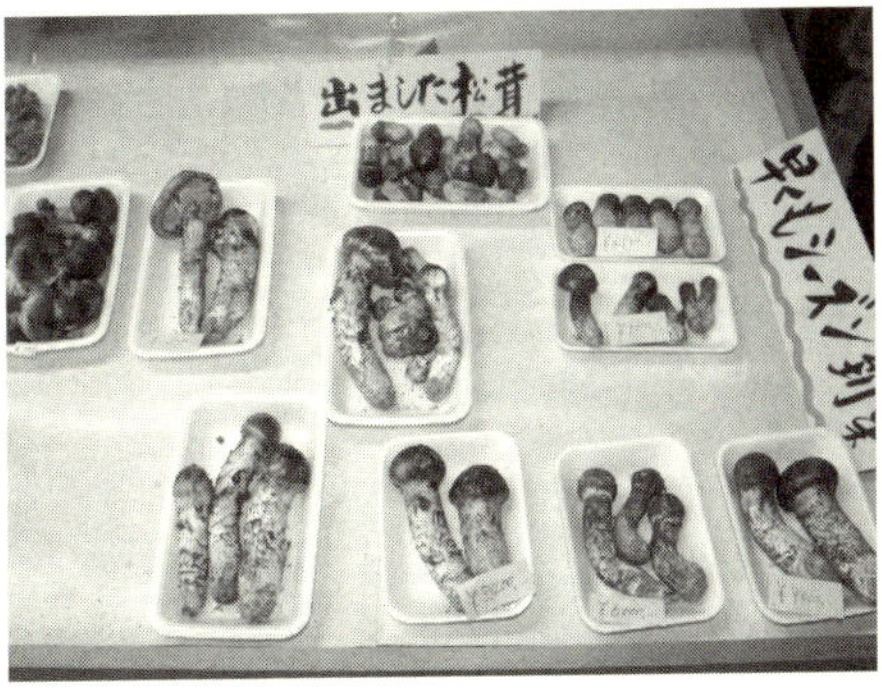


## 三　直売所の考え方と仕組み

　農村の女性たちが始めた直売所の場合、自分たちの畑で採れたものを持ち込み、交代でレジに立つことが少なくない。そこで消費者とのコミュニケーションを深め、新しい作物の栽培、あるいは伝統的な作物の復活のキッカケになっていったなどが報告されている。また、餅、漬物など

の地域の伝統的な食物の加工へ向かっていくなどもよく見られる。

このような直売所の場合、会員は五〇名から一〇〇名ぐらいが一般的であり、年間売上額は一人当たり一〇〇万円が目指されていく。生産者の写真が飾られ、コンテナには丁寧に作物が詰め込まれ、手づくりの良さが人びとを惹きつけていくことになる。

**独特な仕組み**

このような全国各地にみられる直売所に対して、グリーンファームはかなり異色である。一般の直売所の場合は、午前中で品切れなどの事態が生じることがあるが、グリーンファームでは「完売」は最悪と考えていた。この点、小林氏は「サービスとは消費者に買っていただけることを、ありがたいことだと思うことだ」を基本理念にしていたことも興味深い。

グリーンファームの手数料は二〇％。直売所は一般に一五％程度の場合が多いが、小林氏は「それでは事業になっていかない」としていた。

出荷者に対してはその週の土日に現金で支払う形をとっている。「その週の努力がよく理解できるはず」と小林氏は振り返っていた。また、土日に支払うもう一つの理由は、土日は来店者が多く品物を大量に必要とする。他方、一般的には出荷者は土日は休みたくなる。支払いの日が土日であれば、売上の回収に合わせて品物を持ってくることが期待されていた。実際に

「土日の集荷がスムーズに行われるようになった」と振り返っていた。

このあたりは、小林氏の炯眼というべきであろう。そして、グリーンファームでは「最も安定した消費者は生産者だ」「生産者こそ最も安定した消費者だ」をスローガンに掲げていた。現金を受け取った出荷者は帰りに買い物をしていくのである。

また、開店は朝の八時、閉店は一九時としているが、出荷者は早朝の六時三〇分には来始める。客の入口と出荷者の入口が同じため、七時前には実質的な開店となる。店内に入ると、実に多様な品物が一見、雑然と置かれているように見える。また、通路も狭い。客と消費者が一緒になり、言葉を交わしながら事態は動いていくのである。市場の原型というべきものを痛感させられる楽しい仕掛けであった。

先のパネルディスカッションでは、グリーンファームが「きたない」ことが話題になったが、小林氏は「建物のつくりが汚いのであって、中は大変きれいになっているのですよ（会場笑）。毎日私が掃除していますからね」と返すと、パネラーの一人は「ただ雑然としている（会場笑）。その雑然としているところが面白い。ヨーロッパの市場の雰囲気、アメ横もそうですけどね、雑然とした狭い通路をですね、……すれ違ってね、物を探す。しかも薄暗い角があって、そこを曲がると面白いものがあるんですね」と応えるのであった。

写真3—5　農具などが並べられていた

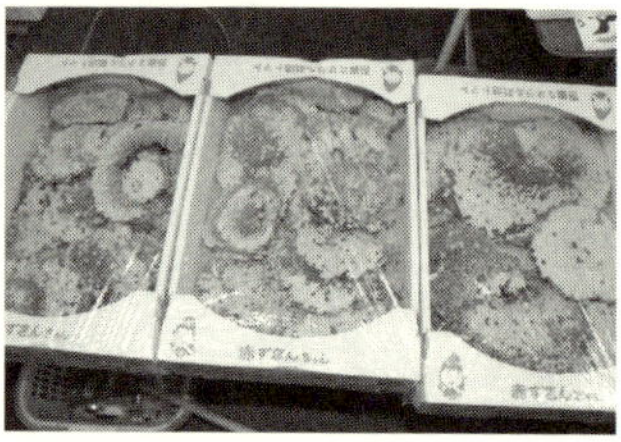

写真3—6　蜂の子も並べてあった

**古道具なども展示販売**

増築を重ねた建物の奥に、古い農業器具、生活用品などが積まれていた。価格もついていなかった。小林氏によると「これらの農具等は農家の先代が大事にしていたものだが、時代が変わり邪魔者になり、いずれ処分されるものであった。ここに置いておくと、欲しがる人がいる。価格は相対で決めてもらう。買った人がまた不要になったとき、また持ってきてくれればよい。文化財とでもいうべきものが破棄されず、未来にわたって必要としている人の手元にあり続けることができる」と小林氏は呟いていたのであった。

実際、店舗の中はまるでワンダーランドであり、狭い通路を注意深く歩いていると、興味深いものに出会うことができる。蜂の子好きの信州らしく、生きた蜂が大量についている蜂の巣なども置いてあった。買い物の楽しさを満喫できる仕組みが形成されているのであった。「年間一二〇〇万円を稼ぐ人もいるが、全体的には目標一人年間一〇〇万円。八三歳のおばあちゃんが、毎日、スクーターに乗って持ってくる。その人は一〇〇万円を超えている。ぜひ、会ってやって欲しい」と紹介された。

## 四　次の課題は直売所のネットワーク形成と海外への普及

長野県で直売所サミットを主宰している小林氏の次のターゲットは、孤立的に展開している直売所のネットワークの形成であるように見えた。それぞれ特色のある、あるいは制約のある直売所が、広いネットワークを形成し、可能性の幅を拡げていこうというのであろう。先に見た「長野県産直・直売サミット」の開催や『産直新聞』の発行のような取り組みは、その象徴的なものであろう。信州伊那谷で、そのような興味深い取り組みが重ねられているのであった。「サミット」への参加者が年々増加し、拡がりを示していることは、こうしたことへの関心が大きく高まっていることを示しているのであろう。

なお、『産直新聞』に関しては、その「ご講読の申し込み方法について」というリーフレットの前文で「『産直新聞』は、産直・直売に関係する方、日本の農業や食や環境に関心を寄せる方の多くの知恵と力を合わせて、日々成長していく新聞でなければならないと考えます。産直・直売の最前線で働く方、生産農家の方、行政関係者・研究者の方、すべてが、『読者』であるだけでなく、『記者』であるような、自由で新しい編集体制を作り上げて行きたいと思います。これは産直・直売を進める『緩やかなネットワーク』の形成にもつながると考えています」と述べられているのであった。

さらに、小林氏のテーマは海外にも向き始めている。伊那谷にはJICAの研修施設があり、途上国の人びとが長期に滞在し、近隣の施設で実習等を行うことが少なくない。二〇〇七年末にグリーンファームにやってきた中米のグァテマラの人びとがいたく関心を示し、その後、小林氏と中米諸国との付き合いが生まれ、中米の各国の現地で「直売所」の仕組みを具体的に指導するところまできている。グァテマラ側の受け止め方は「先進国日本で『大量生産・大量消費』型の経済に飲み込まれない形の直売事業を進めてきたことに、『現在のグァテマラに最適』」との関心を示していた(4)。

これに対し、二〇〇八年八月には、小林氏を中心とする長野県の直売所関係のメンバーがグァテマラを訪問、半月ほどをかけて、「地域の小さな農業を基礎にした直売事業・加工事業の普及と研修」を行った。(5)日本発の「農産物直売所」が地球の裏側にまで届いたということであろう。さらに、二〇〇九年一月には、グァテマラ、コスタリカ、ホンジュラス、エルサルバドル、パナマ、ドミニカ、メキシコ、ニカラグワといった中米八カ国一七人の視察団がグリーンファームを視察に訪れるなど、途上国の人びとの「農村物直売所」に対する関心は一段と高まっているのである。

かつて、日本の大分発の「一村一品運動」がASEANや中国に届き、大きな影響を与えたが、(6)今度は「直売所」が途上国の関心を呼び、世界の各地に浸透しつつある。その前線に伊那の小林氏が立っているのであった。

(1) 第一回長野県産直・直売サミット実行委員会編『産直・直売が拓く信州の農業』二〇〇六年五月。
(2) 前掲書、二九頁。
(3) このような事情については、田中満『人気爆発農産物直売所』二〇〇七年、が有益である。
(4)『産直新聞』第一八号、二〇〇八年一月一日。
(5)『産直新聞』第二四号、二〇〇八年七月一日。
(6) この点に関しては、松井和久・山神進編『一村一品運動と開発途上国』アジア経済研究所、二〇〇六年、が有益である。

## 第4章　高知市鏡地区

# 攻めの産直

### ——「村」から都市部に進出した「山里の幸・鏡むらの店」

畦地和也

高知城の南側を東西に走る幹線道路に、日本で最も歴史の古い路面電車が走る。一方高知城の北側は、近年拡幅改良が行われた北部環状線が東西を結ぶ。高知インターチェンジを降り、この北部環状線を西に車で一〇分ほど進んだ左手の道沿いに、「山里の幸・鏡むらの店」の黒い建物が見えてくる。店舗規模の割に駐車スペースは広くない。乗用車一〇台あまりが精いっぱいといったところである。

陳列方法などは他店舗と変わったところはないが、店内の雰囲気はとても明るい。店の作り、照明の当て方など工夫も感じられるが、それだけではないようだ。店内の壁の上部は土佐漆喰で白く塗られていて、黒い外壁とのコントラストが、逆に店内の落ち着いた雰囲気を醸し出している。

この「鏡むらの店」を運営しているのは「鏡村直販店組合」という任意団体である。高知市内の「万々店」（一号店）と旧村内にある「リオ店」（二号店）の二店舗を運営し、合併前の旧鏡村の農家の七割が組合員というこの直売所は、高知市という高知県人口の半分近くを有する地域にあって、人気の直売所になっている。

## 一　女性の声から生まれた直売所

鏡村は二〇〇五年一月に高知市に編入合併され、高知市鏡地区となった。坂本龍馬も泳いだという鏡川の中流域にある中山間地域である。合併前の人口は約一六〇〇人であった。直売所ができるきっかけは、女性たちからの声であった。

鏡村の特産品は梅であり、村の木はウメ、村の鳥はウグイスであった。農協婦人部のメンバーは、捨てられていたハネ（B級品）の梅を使った「ホケキョ漬け」という加工品を開発した。それを県内のふるさと味自慢コンテストに出品したところ最優秀を受賞し評判を博したが、十分な販路が確保できないで苦労していた。一九八二年頃のことである。

その後、村内に公民館、図書館、ギャラリーといった教育施設と、温泉入浴施設とレストランを併設した「鏡文化ステーション・リオ」（一九九五年）という近代的な施設ができることになり、それに合わせて自分たちで作った物が売れる直売所が欲しいという声が、女性たちからあがったのである。

農協が中心になって直売所をやろうということになったが、事前に参加希望の有無をとったところ、六〇名ほどしか希望がなかった。しかもほとんどが高齢者ばかりであった。とても収益は望めないと判断した農協は、この計画からあっさりと撤退してしまう。

それでも諦めきれない人びとが、なんとか自分たちで立ち上げたいと村に働きかける。村は県の補助金を導入、さらに村の補助金を加え、組合員負担は一割とすることで直売所を建設することにした。村はあくまで施設を建設するだけ、運営は組合員の責任で自立的に行うことを条件とした。

**村の外から攻める**

直売所は村内への設置も検討されたが、村の人口から考えて高知市内に適地を求める声が六割を占めた。そのため現在の高知市街地の万々地区に土地を求め、一九九五年三月一九日にオープンさせた。スタート時の会員数は八〇名、販売手数料一五％であった。初年度の売上額目標三〇〇〇万円に対して七〇〇〇万円を計上、以来「鏡むらの店」は順調に売り上げを伸ばしてきたのであった。

村内に直売所が欲しいという女性たちからの要望であったが、高知市内に店を構えることに特に異論は出なかったとされている。それでも「万々店」オープンの翌年には、「リオ店」を役場の公用車車庫だった場所を借り受けすぐにオープンしている。

一号店を高知市から始めることに抵抗が少なかった理由に、「街路市」経験者が多いことがあげられる。高知市では、藩政期から続く街路市が、日曜日、火曜日、木曜日、金曜日の週四回開かれている。鏡村は高知市内に近いため、昔からこの街路市に出店する人が多い。街路市での経験から、商品づくりや販売の仕方、値段の付け方など「直売馴れ」した生産者が多かったことは、店が好スタートを切ることができた要因であった。

写真4—1　鏡むらの店

### 自立的参加がつくりだす組織風土

組合は発足当初から任意団体である。むしろ任意団体であったからこそ、任せられた役員と現場の職員とで、客のニーズに合わせて即時のルール変更ができ、今の形ができた。したがって、今後も法人格を持つ計画はない。

組合員は、旧鏡村在住であることが条件である。しかしバッティングしない品物の場合は、会員総会に諮り、村外者でも特別に認めている。現在、高知市内在住の三名が、魚類の練り物、パンとケーキ、卵をそれぞれ出品している。従業員も旧鏡村在住の者か、出身者でなければ採用しない。

職員は九名、全員女性である。

店内に入ると、中は明るく感じられる。照明や建物の構造の問題だけではない。店舗内が明るく感じられる最大の要因は、従業員全員が明るいからであろう。とにかく元気がよく、対応が良い。店外からの問い合わせに対しても、電話の子機を持って店内を走り回り、品物の値段や状態を詳しく説明している。

その点を三代目の現組合長、今井宏良氏（一九四八年生まれ）に伝えると、「お客さんからも従業員が良いと褒められます。従業員は自慢です」と笑顔で答えてくれた。雇用者である組合役員として、特別な従業員教育や指導を行っているわけではない。すべて従業員同士の自主的な勉強会、話し合いの結果、今のような良好な組織風土ができた。

このことについて従業員である滝石志津子さんは、スタート時の従業員二人の名をあげ、「二人とも努力家で、店を軌道に乗せるために一所懸命勉強していた。後輩はそういう先輩の姿を見習うという伝統ができたのではないか」と振り返っていた。さらに、「鏡村の人特有の郷土愛もあると思います。とにかく、従業員同士仲がえいがです。楽しい職場ですよ」と笑っていた。

レイアウトや展示方法、接客の仕方などは、すべて自主的に業務終了後職員同士で勉強会を開いて行ってきた。休みの日や仕事が済んでから誘いあって、他店を偵察に出かけることもあ

写真4—2 「鏡むらの店」の店内

る。また、新品種の野菜などが出品される場合、まず出荷者に詳しく聞く。そして自分たちで調理して食べてみる。したがって、客から質問されても、答えに窮することなどほとんどない。最も心がけていることは「お客さんを待たせない」ことであった。

出荷者とは、年一回の一泊研修でコミュニケーションを図っている。荷姿やバーコードの貼り方など、出荷者への指導も従業員が積極的に行う。特に高値や安値を付けた出荷者の商品の値段は、従業員の独断で修正している。トラブルを避けるため、職員の判断で値段修正ができることは組合規約に明示をしてある。

彼女たちは全員、商品ができるだけ売れること、売りきることに喜びを感じている。

「売り切れたら、片づけもせんでええですきねー」（滝石さん）と語る。

## 人びとの営みに合わせた成長

オープン以来、順調に売上を伸ばしてきたが、二〇〇三年をピークに売上が低下していく。継ぎ足しを繰り返した無理な店舗増築が影響していた。そのため、全面改築に着手、二〇〇八年三月に現在の新店舗がオープンした。改築前の客単価は七〇〇円前後だったが、改築後は八四〇円に上昇している。一日当たりのレジ通過客も平均五〇〇人余りと、改築前より二割増加した。二〇〇九年度の売上は一億八〇〇〇万円に届きそうである。

当初から店の運営は、組合の責任で行うことが役場の直売所建設の条件だったが、一年目だけは役場からの人的支援を得た。しかし、経理ができる職員がいなかったため、二年目に岡林淑恵さんを雇用する。

岡林さんは、体調を崩しそれまで勤めていた農協を退職したばかりだった。農協では経理畑が長かった。その情報を聞きつけた初代組合長の神戸《かんべ》義彦氏（一九三六年生まれ）が、すぐに組合の事務職員に彼女を引き込む。以来、事務の要として、また、従業員のまとめ役として、「鏡むらの店」にはなくてはならない存在となっていった。

商品については、村内から店が遠いことから、当初は集配車を準備し職員が出勤途中に集荷

写真4—3　左から初代組合長神戸氏、現組合長今井氏、経理担当の岡林さん

してくる、あるいは組合員が交代で集荷する方法も計画したが、結局、自分のものは自分で持ってくるので、結果的にその対応をする必要がなくなった。出荷者自身が持参することで値段の相場を知り、荷姿や包装の仕方を学習するようになる。組織としての組合も従業員も組合員も、ゆるやかに無理なく発展、成長してきたようである。

神戸初代組合長は、村内だけでなく、南国市あたりまで出作を行う大規模生姜農家である。直売所の話が出た時、「年寄りの小遣い稼ぎ」程度の商売に興味は全く湧かなかったが、結局、直売所オープン以来半分以上の期間を、組合長として組織を引っ張ってきた。

そのようなリーダーの姿が、必然的に従業員にも伝わり、各自のモチベーションを高め、ひいては客からの評価を得ているのであろう。

「鏡むらの店」には個人で出荷している会員に加え、グループとして参加している会員もある。その中の一つ、旧鏡村役場のある村の中心地から県道六号をさらに二〇分ほど山間部に上る世帯数約四〇戸の吉原地区の女性グループ「百日紅《ひゃくじっこう》」は、高知県下でも積極的に活動している女性グループとして知られている。

## 二　女性の活躍

### 生活改善グループから移動販売、直売所への参加

グループはもともと、生活改善グループとして活動してきた。一九八二年吉原地区にあった鏡第二小学校が廃校になったあと、高知市内の学校の吹奏楽部の合宿や、親子宿泊行事などに利用されることになり、生活改善グループが薪や野菜などを提供するようになった。そのうち、自分たちで作ったものに付加価値を付けて売りたいと思うようになる。そこでグループを再編成し、一九九二年「吉原ふれあい市グループ（通称、百日紅）」を結成、高知市内の住宅団地を対象に野菜や加工品の移動販売を始める。その後、「鏡むらの店」のオープンにあわせグループで出品を始めるなど、活動の場所はさらに広がっている。

「鏡むらの店」には、水曜日と土曜日、惣菜、田舎寿司、こんにゃく、味噌、蒸しパン、餅などを出している。加工品の場合、前日の夕方に仕込みし、当日の朝三時から作り始める。「ここのじゃないといかん」と言ってくれる根強いファンがいることが自慢である。

当初メンバーは七名だったが、一名が最近独立したため、現在六名。全員女性である。新規加入者がいないことから、後継者に不安を抱えている。平均年齢は六二歳、一番若い人が五二歳、最高齢は七六歳である。グループは吉原ふれあい交流館の指定管理者として、施設内の食堂を経営している。

彼女たちの料理や加工技術は、地元で受け継がれてきたそれぞれの家庭の味やノウハウを持ち寄ったものである。他者から技術指導を受けたことはないが、発足当初、商品の作り方や売り方、包装の仕方などは、高知市の日曜市に出店している経験者がいたため、その人のアドバイスが効いた。

活動の原点である高知市内の団地二カ所への移動販売は、グループの経営が軌道に乗った現在でも続けている。毎週日曜日、車に商品を積んで二人一組で出かける。予定の時間には「必ず常連客が待っていてくれるので、やめたくてもやめられない」とグループ代表の山村峰子さんは笑って話す。

廃校を活用して始めた活動が、やがて地域外への移動販売になり、そこで培った技術と知恵を「鏡むらの店」で発揮している。百日紅の活動は、農村女性起業という言葉もまだ一般的でなかった時代にあって先駆的なものであった。だが、最初から今のような活動を目指していたわけではない。生活改善グループ当時、「日に一〇〇〇円でもいいから自分で自由に使えるお金が欲しいと思って始めた」（山村さん）活動を、一所懸命取り組むことで、成長させてきたのであろう。

このように考えると、直売所は地域の物を地域で売る交易の場所というだけでなく、地域産業を支え、コミュニティを維持し地域の活性化を担う、重要な人材育成の場であるといえるのではないかと思う。そのために、場所と人、その両方が成長しあう関係が、直売所には求められているのである。

写真4—4　左から、山村さん、山本さん

**チャレンジする若いお母さん**

岡林砂織さんは、岡林淑恵さんの息子の妻で、中一を頭に三人の子どものお母さんである。鏡村から嫁いでいるが、高知市在住のため本来なら「鏡むらの店」の会員になることはできないが、品物が他の会員の商品と重ならないため、特別に認められた三名のうちの一名として、ケーキやパンを出品している。

砂織さんはもともと病院給食の仕事をしていたが、業務が委託されることに伴い事務職への配置転換を求められたことをきっかけに、二〇〇七年六月に病院を退職した。もともと自分の店を開きたいと思っていた砂織さんは、むしろこれは自分にとってチャンスではないかと感じた。そこで適当な店舗を探していたとき、姑が勤める「鏡むらの店」から、惣菜を出せないかと打診される。それならと一緒に病院を辞めた友人と、その年の一〇月から惣菜とパン、ケーキを出品するようになった。惣菜を友人が、ケーキとパンを砂織さんが担当していたが、ほどなく友人が就職してしまったため現在は一人でケーキとパンを出品している。

砂織さんは、「鏡村の良さを知ってくれているお客さんに商品を出せることは自分の喜びであり、そのためにもっと店の知名度があがるようにしたいと思っている。出荷者にも活気があるし、会員も従業員もみんなで盛り上げていこうという気持ちが感じられることがとてもうれしい」と語る。

売上金額よりも、その日に売れた個数や売れ残りが出ないことに喜びを感じるという砂織さん。日報をつけて天気と売り上げの関係を自分なりに分析したうえで、その日の出品個数やメニューを考えるなど「売り切る」ための工夫をしている。

病院に勤めていた時には、休日は子どもたちを連れて遊びに行けたが、今は休日も仕事をするのでなかなか出かけられない。でも子どもたちは「家で仕事をしている今のお母さんの方がいい」と言ってくれる。そんな砂織さんの小柄な体が、とても輝いて見えた。

## 三　山と海とのコラボレーション

鏡村は山と川の村であるから鮮魚は基本的にない。だが、毎週火曜日と金曜日の週二回に限っては、午後一時から三時過ぎまでここに「魚屋」が出現する。魚を持ってきているのは高橋力氏（一九七一年生まれ）。高橋氏の本拠地は「鏡むらの店」から西に一四〇キロ、高知県の最も西の町、宿毛市である。自宅から片道三時間、往復六時間をかけて、週二回「鏡むらの店」の客のもとに魚を届ける。

高橋氏はもともと地元漁協に勤めていた。所属していた漁協の水揚げの八割は巻き網によるものであり、残りの二割が高齢者漁師の小魚である。このような小魚はスーパーなどの量販店では二束三文。しかも、一店舗当たりの販売量は知れている。

## 週二日の魚屋

しかし、食べてもらえれば必ずそのうまさを分かってもらえると確信していた高橋氏は、この年配者たちの小魚を、正当な対価で売る仕組みを作りたいと思っていた。高知市内周辺の直売所に狙いを定めリサーチを開始。その結果、交渉の相手先を「鏡むらの店」を含め三カ所にまで絞り込む。まず、農協系の直売所二カ所に交渉したところ、仕入形式での鮮魚販売を行っており、直接販売はできないと断られた。高橋氏はここで鏡村役場の友人のことを思い出す。彼とは高知高校時代、野球でバッテリーを組んでいた仲であった。連絡をとると、合併後は奇しくも鏡村など中山間地域を担当する課に在籍していた。

「鏡むらの店」のほうは、早くから鮮魚を扱う構想があった。数社から鮮魚コーナーを作らないか、という話が持ち込まれていたのだが、常設販売は店内がどうしても生臭くなることと、店内への蠅の侵入が心配だったことから見送られていた。高橋氏の条件は、「毎日は売らない」「売るのは店の軒先」だったことから、出店を受け入れることにした。

ところが高橋氏が計画を進めている間に、漁協上層部の考え方が変化。二〇〇七年一二月には計画が中止されてしまった。高橋氏は中止の事実を「鏡むらの店」関係者に伝えることができず、販売開始の催促に対して、漁協側の準備不足を理由に先延ばしにしていた。そして、出店の承諾が得られてから一年あまりたった二〇〇八年七月、高橋氏は、漁協を辞職し自分で

「鏡むらの店」に鮮魚を持ち込むことを決意した。
そのきっかけが興味深い。独立を悩んでいた時、同じ漁師の町、中土佐町にある久礼八幡宮で引いたおみくじが「大吉」、商売の欄には、「なぜかうまくいく」と書かれていた。それを見た高橋氏は、「必ずこの商売はうまくいく」と確信した。

写真4—5　高橋力氏

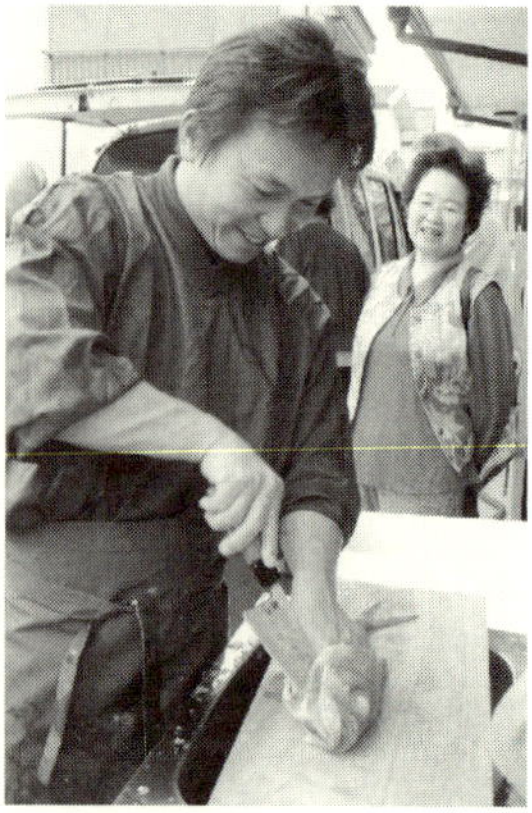

写真提供：鏡むらの店

二〇〇八年九月に、まずはイベント形式で鮮魚の販売を行ったところ、たちまち好評ですぐに現在の週二回の販売形態になった。
高橋氏の鮮魚販売の効果は相当なものである。組合長の今井氏によれば、通常日の平均客数は五〇〇人だが、鮮魚販売のある日は六五〇人まで伸びる。午前中野菜などを購入しておいて、午後再度来店し魚を買いに来る人も珍しくない。鮮魚を買うことが目的の客の中には、店内で他の商品を買い求める人も多く、鮮魚販売の効果は大きい。高橋氏が魚を持ってくる午後一時頃には、常に二十数人の人が列をなして待っているのである。

**誰もやらないからやってみるチャンスがある**

片道三時間もかけて鮮魚を持って行こうとした理由を、高橋氏は次のように語る。

宿毛の魚は、当日に食べてもらえれば格段にうまい魚が多い。逆に、日を越してしまうとまずくなる傾向がある。ということは、うまい時に食べてもらえれば確実に宿毛の魚のファンを獲得できるのではないか。しかし消費地から遠い遠隔地であるがゆえに、誰もそんな商売をやろうとしない。「そこに商機があるのではないかと、長年鮮魚の仕事にかかわってきた経験から思った」というのである。

その読みは当たった。わずか週二回、合計六時間程の魚販売は、「漁協時代のサラリーよりよっぽどいいです」と言わせるほど、客から支持されているのである。

現在店売りは「鏡むらの店」だけだが、通信販売も行う。その他に家族で完全に地元産の魚を使った干物づくりや、肥料の原料になる鰹節の煮粕の取引なども行っている。他店舗からの出店オファーがあるが、今は鮮魚販売の「ワザ」を掘り下げたいので、当面受けていない。

週二回片道三時間、一人で車を運転し魚を売ることを苦に感じたことは一度もない。それは、「鏡むらの店」の人たちや高校時代の友人、地元の漁師や家族など多くの人に恵まれたこと。そして何よりも、自分に活躍の場を与えてくれた「鏡むらの店」との不思議な「縁」を感じるからだと語る。

高橋氏の行動は、地元、宿毛の漁師に対する「何とかしてあげたい」という愛情から始まっている。山の鏡村と遠くの宿毛の海との偶然のコラボレーションは、人びとのそれぞれの地域に対する、それぞれの想いが引き寄せた結果だということができそうである。

## 四　ゆるやかに攻める産直

自家用車中心の郊外型の店舗では一見の客もある程度見込める。しかし駐車場が狭い「鏡むらの店」のような店は、徒歩か自転車で訪れる客を前提に経営を考えなければならない。徒歩か自転車で訪れる客を中心に据えるということは、毎日でも来てもらえる店、つまり固定客を確実に掴むことが必要であろう。

二〇〇九年度「鏡むらの店」の売り上げは一億八〇〇〇万円を見込む。会員一名当たりの平均売上額は一五〇万円になる。確実に固定客をつかみ、その固定したファンが、安定した経営と売り上げの緩やかな上昇を生んでいる。高知市周辺の知人に「鏡むらの店」のことを話題にしたところ「感じの良い店なので、よく買い物をする」「評判を聞いてわざわざ車で買い出しに行った」という声を聞いた。固定客が口コミで店の評判を他に伝えているのである。

近江商人の哲学に「買い手良し、世間良し、売り手良し」の「三方良し」というものがある。「たとへ他国へ商内に参り候ても、この商内物、この国の人一切の人びと、心よく着申され候ようにと、自分の事に思わず、皆人よき様にと思い、高利望み申さずとかく天道のめぐみ次第と、ただその行く先の人を大切におもふべく候」（一七五四〔宝暦四〕年、中村治兵衛宗岸書置）が出典だと言われている。

「商いに出かけた場合は、商品に自信をもって、すべての人びとに気持よく使ってもらうようにと心がけ、その取引が人びとの役に立つことをひたすら願い、損得はその結果次第であると思い定めて、自分の利益だけを考えて一挙に高利を望むようなことをせず、なによりも行く人びとの立場を尊重することを第一に心がけるべき」という意味である。

客、会員である生産者、そして、地域の人びと、まさに「鏡むらの店」では三方良しの精神が意識せずに生きている。だが、時代は常に変化していく。すでに量販店の中に直売形式のインショップができ、「直売所風」の小売店も現れている。今井組合長は、生き残っていくためにはさらに客とのつながりの強化が必要として、店舗でのイベントだけでなく、二階の調理室を使ったイベントをさらに充実することを考えていた。

また、自然相手の作物はどうしても端境期が生じる。農家は手間のかかる野菜の作付けを嫌う傾向にあり、同じものが同じ時期に大量に出品されるということが起こる。この品揃という課題を解決するために、二〇〇九年から青果、加工食品、花卉工芸の三部会を設け、部会ごとに商品の充実を図る取り組みを始めた。

今井組合長たち役員は基本的に無報酬である。しかし、大農家の神戸さんが、「年寄りの小遣い稼ぎだと思って興味も持たなかった」直売所のスタートに骨身を削ったように、誰もが店の発展のために力を惜しまない。

「鏡むらの店」は高知市という直売所激戦区にあって、確実に発展してきた。その要因は、関係者の地域を思う気持ちと、志にある。直売所というコミュニティの場を通じて、買い手、売り手、世間全ての人びとが有形無形の利益を得る好循環を生むことが、持続的に発展していくための必要条件であることを、「鏡むらの店」は私たちに示唆してくれている。

市町村合併で大きな市の一地域になってしまった鏡村だが、地域への愛情をいつまでも失わず、永遠に心豊かな地域であって欲しい。鏡地区及び「鏡むらの店」のさらなる発展を心から願ってやまない。

# 第Ⅱ部

# 市町村、公社等がリードする「直売所」

# 第5章　福島県西会津町／ミネラル野菜のまち

## ——「道の駅よりっせ」の直売所と農村レストラン

西村裕子

福島県と新潟県の県境、福島県西会津町の国道四九号線沿いに建てられた道の駅「よりっせ」。会津地域の物産コーナーに、地元産の野菜直売コーナー、情報館とレストランが併設されたごく普通の道の駅である。だがこの道の駅、一見分からないが、「トータルケアのまちづくり」を核として進められてきた西会津町の先進的な取り組みを垣間見ることのできる場所なのである。

一九八〇年代の先進的な福祉政策に始まり、「トータルケア」を合言葉に福祉政策と産業政策が融合した独自の政策を数多く打ち出してきた西会津町。その取り組みは、中山間地域における行政のあり方について、大きな示唆を与えることになる。この章では、ミネラル野菜栽培と「道の駅」を母体にした直売所と農村レストランの取り組みをみていこう。

## 一　「百歳への挑戦」と「トータルケアのまちづくり」

新潟県と接する山中に広がる面積三〇〇平方キロ、人口八五〇〇人の西会津町。越後街道の宿場町として発展したが、戦後はこれといった産業はなく、男性は出稼ぎに行き、残された女性は夫の両親とともにタバコ栽培などの農業に携わるという時代が続いた。その後、懸命に企業誘致に励み、町内に数社が立地することになるが、昭和三〇年代には一万九〇〇〇人を数えた人口は、現在では八五〇〇人と半減している。冬の雪は深く、まさに典型的な東北の奥地といえる場所である。

前町長の山口博續氏が就任した一九八五年頃、西会津町の平均寿命は県内九〇市町村中、男性八八位、女性六九位という「短命のまち」であった。このことをきっかけに、町民の健康を改善していく「トータルケアのまちづくり」がスタートする。

保健、医療、福祉と三つに分野をわけ、食生活の改善指導、診療所、福祉施設の充実に始まり、ホームヘルパー養成研修の実施、国民健康保険税の減税など、時代を先取りする取り組みが積極的に重ねられていった。一九九六年には、在宅健康管理システムとしてのケーブルテレビの導入を行っている。難視聴対策ではなく、ケーブルテレビの双方向性を利用した在宅健康

管理システムとしての導入であり、全国的にも先駆けとなった。(1)

このように「トータルケアのまちづくり」を目指す西会津町で、一九九八年から、町民の健康推進を目的とした「ミネラル栽培」の推進が始まっていく。このことが、後に西会津町の「トータルケア」政策が福祉分野単独から産業分野への融合を図っていく重要な転機となった。

## 二 「ミネラル野菜」の展開

西会津町では、健康づくりの一環として、また農業政策の一環として、一九九八年頃から積極的に「ミネラル栽培」を推進していくことになった。ミネラル栽培とは、土壌診断を行い、過剰な成分の補給をやめるとともに、足りない成分を補っていくことにより、健康な土づくりを推進し、健康な土で作物を育てることによって味が良く栄養に富む「ホンモノの野菜づくり」を行っていこうとするものである。

### 「ミネラル栽培」の導入と推進

当時の町の『広報』では町民向けに、以下の説明がされていた。(2)

「町では農林業の振興のために、農業生産基盤や農村環境の整備などを進め、農業経営の改善による農業所得の向上を図るための施策を実施してきました。（中略）しかし、農産物の自由化や生産調整の拡大などの厳しい農業情勢の中で、担い手の高齢化や兼業化が急速に進むなど、町の『新しい農業』への展望がなかなか開けない状況にありました。このような中、平成九年一〇月に開催された『ふるさと・いきいき全国サミット』の、農業科学研究所々長の中嶋常允先生の講演・指導を契機に、『健康な土づくり・作物づくり』を、農業生産の基本として再認識し、取り組むことになりました」。

「町では、従来の販売を中心とした農作物づくりの視点を変えて『農家の自給自足や地場消費』をまず手始めとして『健康土づくり〜健康野菜（農産物）づくり〜健康な体づくり』をすすめています。中嶋先生の農法を実際に経験し、その出来た農産物を自分達が食べ、『健康』になって『本物』の良さをしっかり分かってもらう。それが今後販売する上でも、大きな力や情報発信になります」。

講演に感銘を受け、中嶋氏の指導のもとミネラル栽培に取り組んでいくことを決めた町役場では、土壌分析の実施、先進地視察等を通じて町民のミネラル栽培実践者を募っていく。二〇〇〇年には実践者たちによる「にしあいづ健康ミネラル野菜普及会」が発足した。

写真5—1　宇田川洋さん（中央）と、町役場経済振興課農林振興係の職員

写真5—2　耐雪ハウスの前で、目黒夫妻

**普及会の活動と直売展開**

にしあいづ健康ミネラル野菜普及会（以下、普及会）は、ミネラル栽培に感動し、可能性を感じた一九名により結成された。初代会長は宇田川洋さん。畑を訪問すると「アスパラガス、そこあるから採ってそのまま食べて。生で食べられるかと思うでしょ。食べられるから」と勧められ、生のアスパラガスを口にした。シャキシャキとして甘く、そのままサラダに使えそうだ。「わたしもミネラル栽培をやって驚いた。それ以来、ずっとミネラル。畑はぜんぶミネラル栽培にした」という。

宇田川さんを会長とした普及会のメンバーは、イベントでの直売活動に乗り出していく。小中学校の給食用の出荷も始まり、徐々に販売が軌道に乗っていった。
成果が上がるにつれ、専業農家の参入も進んできた。町内の若手専業農家、目黒輝夫・満里子夫妻。約三ヘクタールの土地で、米、キュウリ、トマトの生産を中心に行っている。二〇〇四年から町でスタートした耐雪ハウスリース事業による耐雪ハウスが四棟あり、冬季には葉物やうどの生産も行っている。なお、耐雪ハウスリース事業では、町が購入した耐雪ハウスを一戸、年三万三〇〇〇円で農業者に貸すというもので、開始から五年間で七二戸の実績を重ねている。

写真5—3　道の駅「よりっせ」

そのようななか、二〇〇四年、町中心部に道の駅「よりっせ」の建設が決まり、ここに普及会の常設直売所を設置するという話が浮上する。これまでの活動を通じ、出荷、販売ノウハウがある程度蓄積されていたことから話が進み、よりっせのオープンとともに、メンバーおよそ六〇名で、常設の直売所がスタートした。

**写真5—4　ミネラル野菜がならぶ**

### 道の駅と直売の仕組み

普及会の直売所は、道の駅よりっせの少し奥まった場所にある。よりっせは、オープン当初は町役場直轄、二〇〇八年からは西会津町振興公社が運営主体となっており、物販、農産物の直売、後述するレストランの三つの部門から構成されている。二〇〇八年の総売上額は一億六〇〇〇万円。そのうちおよそ一億円を物販が占めており、農産物が二五〇〇万円（うち普及会が一五〇〇万円、その他は米、キノコ類）、レストランが三〇〇〇万円である。会津若松から新潟のあいだの国道四九号線沿いにはほかに道の駅がないため、物販は会津全域のものを扱っている。町外からの客が八～九割を占めている。

このような事情から、よりっせの農産物直売部門では仕入品を扱っておらず、すべてが西会津産のミネラル野菜ないしは米、キノコを中心とした天然物である。町が広いことから売れ残り品の引き上げは夕方でなく、翌朝としている。レジは物販部門と共同のため、普及会会員のレジ当番はない。だが、生産者と消費者との交流が大切という点もあり、イベント時には普及会メンバーが直接売り子となる。なお、メンバーのほとんどは女性である。

**販路を広げる**

ミネラル栽培の取り組みはこのようにして拡大し、「西会津のミネラル野菜」は県内でかなりの知名度を得るようになっていった。生産出荷額は年々拡大しており、二〇〇五年の四五三〇万円から、二〇〇八年には九六七〇万円へと成長している。給食への出荷、イベント、直売等での販売に加え、町内スーパーが町内産ミネラル野菜の取り扱いを始めたことが大きい。販売先は役場が中心となって開拓し続けている。西会津町出身の人が毎週末西会津までトラックで来て、東京で販売を始めるという話も進んでいた。

西会津町役場経済振興課の佐藤美恵子さんは「次の課題は生産拡大」と語る。健康志向のブームもあり、ミネラル野菜が高く評価されるようになってきた。取り扱いたいと言う業者は沢山いるが生産が追いつかなくなっている。一方で、農業者の高齢化、若手の担い手不足の問題は根深い。町内ではミネラル野菜の生産農家が野菜生産農家の半数をこえ、ミネラル栽培が相当に普及した。次は担い手を育成していく本格的な取り組みを開始していくときなのだろう。西会津町は山中にあるが、町内に高速道路が通っており、首都圏に比較的近い。町内には工業系の企業が一定数立地しており、若者も比較的戻ってきている。町内に住む若者が、農業に生きる糧や生きがいを見出せるような行政的支援を打ち出していくことが期待される。

## 三　農村女性によるレストラン展開

道の駅「よりっせ」を建設するにあたっては、前述した普及会の直売所設置のほか、関係者の間でレストランを地元女性によって運営できないかという構想が上がっていく。二〇〇四年二月、レストランの運営者を育成する目的で町主催の「起業家育成講座」がスタートした。

### 起業家育成講座のスタート

受講者を回覧板等で募集したところ、初回にはおよそ三〇人が集まった。講座では経営、会計、料理指導等、レストラン起業に必要な内容がびっしりと組まれていた。とりわけ、東京在住の薬膳料理研究家の指導を仰ぎながら、半年のあいだ実践的な講座が行われていった。講座が進むなかで、参加者の間には起業リスクに対する不安が上がるようになる。回を重ねるにつれ受講者が減少し、最終的に一六人が残る。そのなかの八人によって、二〇〇四年八月、よりっせのオープンとともに、農村女性による「レストラン櫟《いちい》」がオープンした。起業家育成講座が始まってからわずか六カ月後のことであった。

オープンに当たっては、レストランの設備、調理道具など、初期費用は町が全額出してくれた。だが、「後はあなたたちで…」。赤字が出る可能性も十分にある。そのようななかで、果敢にも一人の女性がリーダーとして立ち上がった。

写真5—5　起業家育成講座

写真提供：西会津町役場

### 農村女性によるレストラン起業

レストラン櫟のリーダー、斉藤フミ子さん。新潟県出身で、西会津町に嫁いでからはずっと専業主婦として暮らし、「趣味を楽しんでいた」。ミネラル野菜普及会やその他町内の活動に加わっていたことから、起業家育成講座の声がかかった。夫がすでに定年退職しており、家事の負担も少なくなってきていたことから思い切って参加。いつのまにか、中心的な存在となっていった。

給料は未定、赤字が出たらメンバーで補填する覚悟を決め、櫟をオープンさせる。借金はせず、仕入れ業者に入金期限を遅らせてもらう形で対応した。オープン翌月、決算を出し、一人八万円の給料が払えると分かったときには、本当にホッとしたと語る。

櫟では、「ミネラル野菜を使った薬膳料理」をテーマに、薬膳懐石、ミネラル野菜天丼、手づくりカレーなど、地元産の食材を使った女性ならではの優しさにあふれたメニューが並んでいる。二〇〇九年夏には、地元の会津大学との合同による「また会いたくなる　ベジメルバーガー」という特産品開発に、中心となって関わっている。

客にも様々な人がいる。毎日、同じように運営しているつもりでもほめられ、叱られの連続のなかで、斉藤さんは「他の方々にとっては当たり前なのかもしれないけど、これまでずっと家にいた私にとっては、本当に大きな発見を繰り返している」と語っていた。昨年、筆者が訪問した際には「毎日、泣かない日はない」とおっしゃっていたのだが、年月が経過し、徐々に運営が安定してきているようであった。

**地元女性に働く場を提供**

櫟は順調に成長を遂げ、二〇〇八年度は約三〇〇〇万円を売り上げている。メンバーには時給とボーナスを安定して払えるようになった。その間にメンバーが数人入替わり、現在は三〇

写真5―6　斉藤フミ子さん(右)と若いスタッフ

写真5―7　櫟の人気メニュー、ミネラル野菜を使った手作りカレー

歳代、四〇歳代の若い女性も加わっている。これまで町の女性たちの雇用の場となっていた誘致企業が稼働日数を減らしているなか、櫟では誘致企業よりも高い給与水準で、安定して雇用を生み出しているのである。

税金を納められるようになった。店の売上から次回改修の費用も用意できている。行政主導のスタートでありながら、数年が経過し、農村女性の起業として見事に独立を達成している。農村女性起業のモデルとして、非常に興味深いケースであろう。

## 四　行政主導のトータルケアのまちづくり

このように西会津町では、町民の健康を第一に考えた「トータルケアのまちづくり」を合言葉として、福祉分野での取り組みから、ミネラル栽培の普及と農業生産、販売の拡大、農村女性起業によるレストラン経営と、農業、産業面への展開が進んでいる。

日本の中山間地域をめぐっていると、西会津町に限らず、福祉政策と産業政策が一体化し、成果をあげているケースに出会うことがある。山奥や離島の、人口規模が小さくまとまった町村に多い。小さな町村では、役場職員の仕事があまり細分化されておらず、課の垣根が低い。幼いころからの知り合いである役場職員同士、意思疎通がしやすく、担当をこえて共通の目標を抱くことができるのであろう。

高齢化の進む中山間地域においては、福祉政策と産業政策はもはや切ってもきれない関係にある。住民の健康維持を考える場合に、農業による「仕事」「生きがい」の創出がとりわけ重要となっている。高齢者が農業や農産物の販売を通じて生きがいを再発見することにより、産業規模の縮小を抑えることができる。そして農作業等を通じた健康維持により、高齢化の進む中山間地域では町村財政にとって負担の大きい国民健康保険の黒字化を図っていくことも期待できる。実際、これまで筆者自身、八〇歳を過ぎてもなお現役で活躍するおじいさん、おばあさんたちに多数出会ってきた。西会津町とよく似た政策をとる岡山県の最奥、新庄村で出会った八〇歳のご夫婦は「この村は合併しなかったから診療所は残った。けど忙しいから病院に行く暇はない。月に一回、薬をもらいに行くだけ」と語っていた。[3]

西会津町の取り組みは、さらに奥へと踏み込んでいた。小規模町村では最大級と思われる立派なケーブルテレビ局に、SOHO施設の展開。さらに、立派な医療福祉施設や学校が立ち並ぶ。明るい表情の町役場の職員の方々、町で出会った方々からは、試行錯誤を重ねていることが伝わってくる。「トータルケアのまちづくり」、そこには想像以上の、近代的で活き活きとした生活があった。

(1) 西会津のこのような取り組みについては、関満博『地域産業の「現場」を行く』第二集、新評論、二〇〇九年、を参照されたい。
(2) 「すすめています健康な土づくり健康な作物づくりすすめます」(『西会津町役場広報』一九九九年一月)。なお、この文書は、西会津町役場『健康な土づくり活動資料』刊年不明、に再録されている。
(3) 岡山県新庄村の取り組みや、小規模町村のまちづくりについては、関満博・足利亮太郎編『「村」が地域ブランドになる時代』新評論、二〇〇七年、を参照されたい。

# 第6章　東京都八王子市

## ／大都市部における展開

### ――都内初の道の駅併設型農産物直売所「ファーム滝山」

立川寛之

二〇〇七年四月、東京都内初の道の駅として誕生した「道の駅八王子滝山」。「新発想の都市型道の駅」を整備コンセプトとし、開設当初より農産物直売所を中心的な施設と位置づけ、行政がリードする形で準備を進めて来た。大消費地東京初の道の駅併設型農産物直売所として注目を集める一方で、地元農家が安定した供給を行うことが出来るのか、また観光地と近接していない中でどれだけの集客が得られるか未知数であったが、開設すると当初予測の三倍もの売上を記録。今では土日ともなると、道の駅への入場待ちで渋滞が発生するほどの人気である。

さらに、この道の駅開設を機に農家女性グループが地場産農畜産物を活かした店舗を営業するなど、単に地産地消を目指す施設ではなく、チャレンジショップの如く機能している点が興味深い。本章では、道の駅八王子滝山の中核施設である農産物直売所「ファーム滝山」の取り組みとともに、その周辺で起こっている農家女性による様々な取り組みについて報告する。

## 一　都市型道の駅「八王子滝山」の誕生

写真6—1　道の駅「八王子滝山」全景

全国的に大型農産物直売所が展開され始めたのは、一九九八年前後とされる。一方、国土交通省（旧建設省）が、交通の円滑な流れを支えるため、休憩機能、情報発信機能、地域の連携機能を担う施設として設置を推進している「道の駅」は、一九九三年に登録制度が開始されると瞬く間に増加し、一九九八年には五〇〇近くに上り、各道の駅では差別化を図るため農産物直売所が開設されるようになる。

農産物直売所の大都市圏への波及は、二〇〇四年頃とされ[1]、千葉県柏市の「かしわで」、同千葉市の「しょいか～ご」など東京通勤圏において展開され始めた。こうした流れの中で、東京で初めてとなる道の駅併設型農産物直売所として「ファーム滝山」が誕生した。

## 都内随一の農業都市八王子

八王子市は、都心から約四〇キロ、人口約五六万人[2]、面積一八六平方キロを有する首都圏西部の中核都市である。この広大な面積の中で、緑地は約一一五平方キロと実に六二％を占め[3]、その一割近くが農地として活用されている。

八王子の農業といえば、かつては水稲、養蚕、いも類が中心であった。特に養蚕は、「織物のまち八王子」を象徴するものであった。しかし、織物の生産高は、一九七〇年をピークに、服装の洋風化に伴い減少。それとともに、市内の養蚕農家も減少し、現在では二戸の養蚕農家を残すのみとなっている。しかし、元来気候温暖であり、肥沃な土壌であること、大消費地を抱えているという好条件を活かし、今では多種多様な農畜産物を生産する地域となった。

八王子の農業を概観してみると、農家戸数は一四三五戸、うち専業農家は一九〇戸にすぎず、圧倒的に兼業農家が多い。しかし、農家戸数から自給的農家を除いた販売農家戸数は五七九戸であり、半数近くは農業により一定の収入を得ていることが分かる。一方、耕地面積を見ると、二〇〇六年では九一八ヘクタールで、その約九割を畑が占めている。一〇年前には一一五〇ヘクタールあった耕地面積も、約二割減少したことになるが、市農林課の積極的な農地保全、農業振興の取組みにより、この五年間は、わずかな減少にとどまっている。農業産出額は二六億円、うち六三％は野菜が占めている。これら農家戸数、耕地面積、農業産出額のいずれにおい

## 表6－1　八王子市の農家戸数、耕地面積、農業産出額

**【2005年農家戸数】**

（単位：戸）

| 区　分 | 総　計 | 専　業 | 第１種兼業 | 第２種兼業 | 内自給的農家 |
|---|---|---|---|---|---|
| 八王子市 | 1,435 | 190 | 51 | 1,194 | 856 |
| 東 京 都 | 13,700 | 2,371 | 862 | 10,467 | 6,374 |

資料：『八王子市の農林業と農業委員会の概要』

**【耕地面積の推移】**

（単位：ha）

| 区　分 | | 耕地面積 | 田 | 畑 | 普通畑 | 樹園地 | 牧草地 | 耕地率（%） |
|---|---|---|---|---|---|---|---|---|
| 八王子市 | 2002 | 950 | 78 | 872 | 621 | 245 | 6 | 5.1 |
| | 2003 | 950 | 78 | 872 | 621 | 245 | 6 | 5.1 |
| | 2004 | 941 | 75 | 866 | 628 | 232 | 6 | 5.1 |
| | 2005 | 933 | 73 | 860 | 626 | 228 | 6 | 5.0 |
| | 2006 | 918 | 69 | 849 | 617 | 226 | 6 | 4.9 |
| 東 京 都（2006） | | 8,320 | 314 | 8,010 | － | － | － | 3.8 |

注：①　八王子市の耕地面積は、関東農政局西北多摩統計・情報センター編『多摩の農業統計』による。
　②　東京都の耕地面積は、総務省統計研修所編『日本の統計2008』による。

**【2006年農業産出額】**

（単位：100万円）

| 区　分 | 総　計 | 耕　種 | | | | | 畜　産 | | | |
|---|---|---|---|---|---|---|---|---|---|---|
| | | 米 | 野菜 | 果実 | 花卉 | その他 | 乳用牛 | 豚 | 鶏 | その他 |
| 八王子市 | 2,600 | 30 | 1,650 | 150 | 140 | 210 | 300 | 20 | 70 | 30 |
| 東 京 都 | 27,840 | 130 | 15,520 | 3,090 | 4,770 | 2,200 | 1,120 | 250 | 490 | 230 |

資料：関東農政局西北多摩統計・情報センター編『多摩の農業統計』による。

ても、東京都全体の約一割を占めており、先端技術産業や大学が集積するエリアである一方で、八王子は都内随一の農業都市という側面を併せ持っていることが分かる。

### 「都市型道の駅」として新たなスタイルを提案

この農業都市八王子は、二〇〇〇年一〇月に市農業委員会から出された建議がきっかけとなり、大型農産物直売所開設に向けて動き出す。この建議に対し、市は二〇〇一年二月、農産物直売所の必要性を認めた上で、「八王子インターチェンジ周辺や幹線道路沿いの『道の駅』等も視野に入れ、大型農産物直売所の設置を実現していきたい」と回答した。その後、農業委員会、八王子市農業協同組合（JA八王子）、農家からなる「農産物直売所整備推進委員会」を設置し、整備方針について検討を進めていった。

八王子市は、東西に国道二〇号、南北に国道一六号が走り、また中央自動車道の八王子IC、首都圏中央連絡自動車道の八王子西ICに加え、現在整備が進められている八王子南ICを含めると市内に三つのICを有するなど交通の要衝である。また、当時は国道二〇号には都心から山梨県東山梨郡大和村までの約一〇〇キロの間、道の駅が無く、さらには国道一六号においても、神奈川県、埼玉県にも整備されていなかった。その意味で、両幹線道路の結節点である八王子は、道の駅の立地条件として最適な地域として考えられた。八王子市は民間有識者からなる「道の駅」整備推進委員会を設置し、農産物直売所の検討と平行して議論を進めていった。

その結果、八カ所の候補地の中から、市民や道路利用者の利便性向上や地域産業（観光や農業等）の振興といった観点から絞込みを行い、圏央道あきる野ＩＣへの接続道路として整備が進められている新滝山街道沿いに決定した。この地域は、都市農業が盛んな地域であり、農産物直売所への農産物供給の利便性が高いことが決め手となった。こうして二〇〇七年四月、全国で唯一道の駅が整備されていなかった東京都第一号の道の駅としてオープンを迎えた。

道の駅八王子滝山は、敷地面積七五〇〇平方メートル。建物は、鉄筋コンクリート造平屋建て一三〇〇平方メートル、駐車台数は本体駐車場と第二駐車場を合わせ、大型車九台、普通車九六台、身障者用二台となっている。

整備計画策定時から「新発想の都市型道の駅」をコンセプトとして掲げ、通過交通を施設利用の対象者とした「立ち寄り型」ではなく、道の駅そのものに目的を持って来訪してもらえる施設を目指した。その結果、都内随一を誇る八王子の農業の特性を最大限に活かし、農産物直売所、地元食材レストラン、地場農産物の加工品販売を主軸とした施設としたのである。

## 二　農産物直売所「ファーム滝山」の展開

道の駅八王子滝山の初年度の来場者数は、一三〇万人、売上額九億八〇〇〇万円となり、当初予測の三倍もの売上額を記録した。二年目は、来場者数が一一〇万人とやや減少したものの、売上額は一〇億七五〇〇万円と、さらに伸びている。その中核施設である農産物直売所「ファーム滝山」は、売場面積三〇七平方メートルで売上額の六割を占め、野菜だけでなく、花卉農家による切花、花苗、植木苗なども販売するなど、地元農家の活躍の場を広げている。

### 出荷組合の設立

市は、当初ファーム滝山の運営を既に市内二カ所で小規模の農産物直売所を運営しているJA八王子に打診した。しかし、ファーム滝山は、大型農産物直売所であることや、より厳密な品質管理が求められることなどから、JA八王子は受託者となることに二の足を踏む。都市型農協の多くは、金融など農業以外を経営基盤としていることが多く、JA八王子も同様の傾向にあることから、大型直売所運営というリスクを負えないという判断であった。

だが、直売所開設を大きなチャンスとして捉える農家も少なからず存在した。JA八王子が運営する既存の直売所では、規模の問題もあり、出荷が近隣農家に限られる傾向にあった。しかし、今回整備する直売所では、全域的に誰もが出荷出来るものとすることで、従来直売に関心を示さなかった農家にも参加機会が与えられ、農家全体の底上げが期待されたのである。そこで、市の働きかけにより、二〇〇六年五月、農家の有志一三〇名による「道の駅八王子滝山農産物直売所出荷組合」が設立された。

### ファーム滝山の運営体制

道の駅八王子滝山は、公募により㈱ウェイザ・日本道路興運㈱連合体が指定管理者として施設全体の管理運営を行い、非常勤の駅長を含め指定管理者の社員五人で管理している。出荷組合は指定管理者から使用許可を受けファーム滝山を運営し、使用料として売上の一五％を支払っている。指定管理者は農産物の扱いについて専門知識が無いため、ＪＡ八王子に業務委託し、直売所担当として職員二人を配置している。ＪＡ職員の主な役割は出荷組合員との調整、品質管理、出荷調整である。特に、このファーム滝山ほどの規模の農産物直売所では、品切れを防ぐために近隣の出荷者に追加指示を出すなど農家との調整が重要となる。

しかし、地場産の農産物だけでは、コンスタントに供給することは難しいため、適宜仕入品も並べている。仕入れは、道の駅内でレストラン「八農菜」を経営する㈱秀穂が担当している。

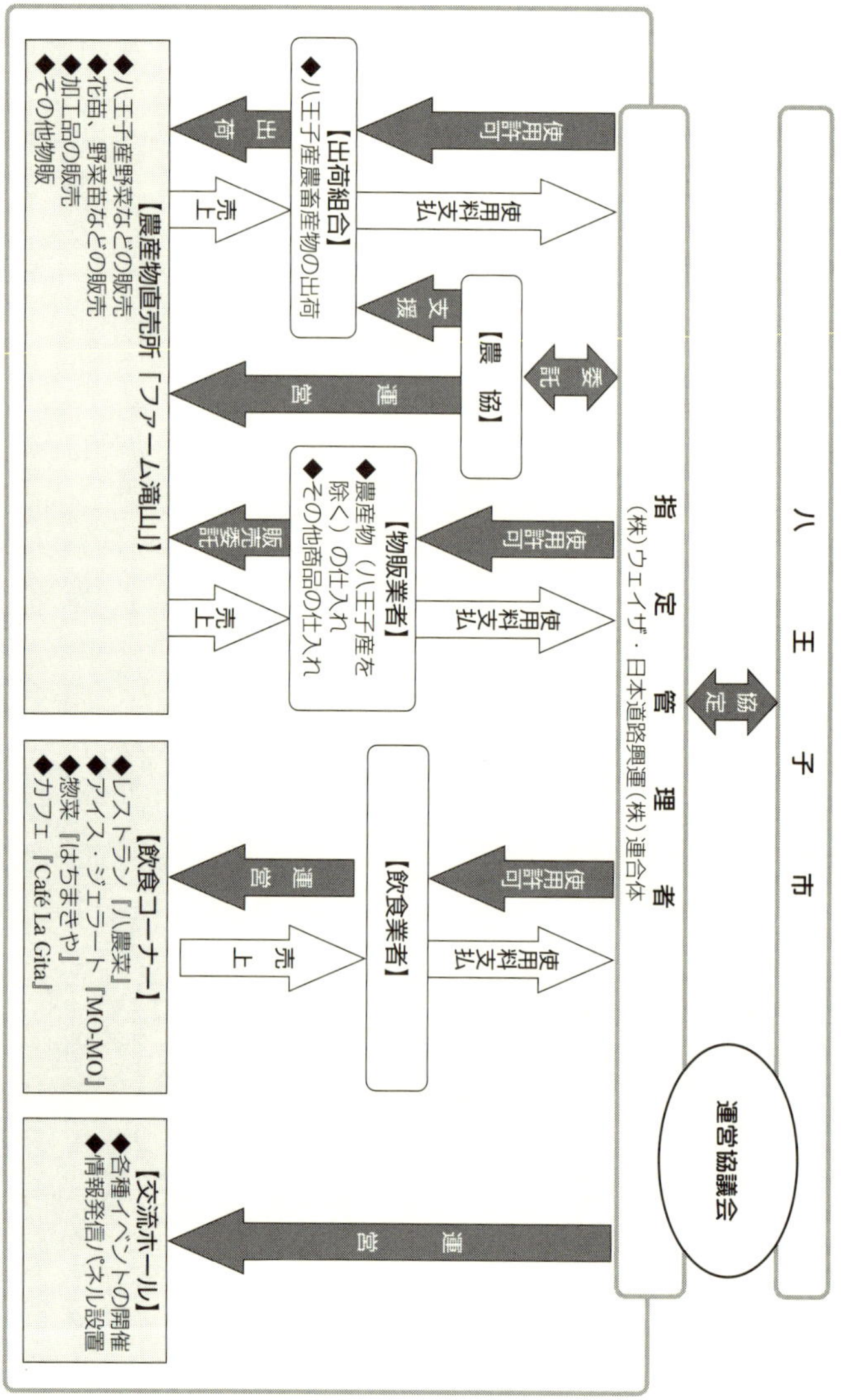
八王子市
協定
指定管理者
(株)ウェイザ・日本道路興運(株)連合体
運営協議会
使用許可
使用料支払
【出荷組合】
◆八王子産農畜産物の出荷
出荷
売上
支援
【農協】
委託
運営
【物販業者】
◆農産物（八王子産を除く）の仕入れ
◆その他商品の仕入れ
販売委託
【飲食業者】
【農産物直売所「ファーム滝山」】
◆八王子産野菜などの販売
◆花苗、野菜苗などの販売
◆加工品の販売
◆その他物販
【飲食コーナー】
◆レストラン『八農菜』
◆アイス・ジェラート『MO-MO』
◆惣菜『はちまきや』
◆カフェ『Café La Gita』
【交流ホール】
◆各種イベントの開催
◆情報発信パネル設置

図6—1　道の駅運営スキーム図

地場産の商品を優先しつつ、必要に応じて仕入品で補う形が理想的であり、出荷組合と㈱秀穂との間で調整を行うことがＪＡ職員の重要な役割である。初年度は、出荷調整がうまく行かず、商品が供給過多になっている時期に安価な仕入品を並べられてしまい、地元農家からのクレームもあったが、市が指定管理者に対し地場産を優先するよう徹底したことや、一年間運営し、地場産の供給状況が掴めてからは、出荷調整もうまくいくようになっている。

### ファーム滝山の出荷状況

ファーム滝山は、年中無休、午前九時から午後九時まで営業している。出荷組合員は、現在一五三名。そのうち、積極的に出荷してくる組合員は六〇名程度である。出荷者の持ち込み時間は、午前七時から午前九時までだが、朝荷受したものは午後二時頃には無くなってしまうほどの盛況ぶりであり、営業時間内であれば随時荷受している。レジにＰＯＳシステムを導入しており、売上データは一五分置きに自動的に集計され、出荷者は携帯電話又はパソコンから在庫状況を確認出来る。特に若手の農業者は、随時携帯電話でチェックし、自発的に再出荷を行っている。近隣の農家が中心となるが、概ね一日平均一〇名程度の出荷者が再出荷に応じており、小規模の直売所に良く見られるような品切れ状態を回避している。

商品の価格は、毎週出荷組合の正副組合長が値決め会議を開催し、品種ごとに上限を決めて

写真6—2　店内の様子

いる。組合員は、この上限の範囲内で自ら決める。当然、同じ商品を複数の農家が出荷することもあるが、消費者も出荷者の名前を見て購入するケースもあり、単に価格競争を行うのではなく、品質を競う意識が芽生えている。

二〇〇七年度の直売所の売上額は五億二〇〇〇万円。うち出荷組合の二億五四〇〇万円に対し、仕入品二億六七〇〇万円と、やや仕入品の方が高くなっていた。二〇〇八年度は、直売所全体が六億〇四〇〇万円。うち出荷組合三億二六〇〇万円に対し、仕入品二億七八〇〇万円と逆転した。組合員が当初より二〇名ほど増加していることや、地域住民にとっても「八王子産」の認知度が高まり、八王子産の農産物を選んで購入する動きが出てきていることを示している。

出荷組合の売上額から、手数料一五％を除くと約二億七七〇〇万円となり、これを出荷組合員数で割ると一人あたり約一八一万円。さらに、常時出荷している組合員六〇名で割ると、約四六二万円となり、事業として十分成功していると言えそうである。

## 三　農家女性たちの挑戦

市農林課は、道の駅八王子滝山に農産物直売所を整備すると同時に、農家女性の活躍の場を創出することも狙いの一つとしていた。自家製アイス・ジェラート店「ミルクアイスＭＯ－ＭＯ」、惣菜店「陽気なお母さんの店『はちまきや』」は、道の駅オープンを機に開店した農家女性が経営する店舗である。こうした農家女性の積極的な取り組みの背景には、道の駅整備以前から市内で「市」活動を展開してきた「ぷりんせすマーケット」の活動が重要な役割を果たしている。

### ぷりんせすマーケットの誕生から「市」活動への展開

ぷりんせすマーケットは、現在一五名の会員で構成されている。創設当時からのメンバーであり、自身が椎茸栽培農家の嫁である勝澤朝子会長によれば、一九九四年に若手農家女性の交流の場として設立された「ぷりんせすクラブ」が前身とのことである。ぷりんせすクラブは、市の働きかけで約八〇名の会員でスタートした。市が事務局を務めていたことで「公の組織というイメージがあり、活動に参加することに夫の理解も得やすかった」ことも奏功し、勉強会や料理教室など活発に活動を展開していった。

二〇〇一年、ぷりんせすクラブにとって、転機が訪れる。東京都南多摩農業改良普及センターから、京王線北野駅前で直売所を出してみないかという話が舞い込んだ。クラブメンバーの有志二〇名が手を上げ、「ぷりんせすマーケット」として「市」活動に踏み込んでいく。この朝市が評判となり、その後八王子市八日町のみずき通り商店街の空き店舗、さらには京王線南大沢駅前にも出店するようになる。勝澤さんは、この「市」活動を通じて、客に直接物を売る楽しさを実感したこと、消費者の声を直に聞くことが出来たこと、そして何よりも自分たちの収入になるということで意欲が芽生えたという。この「市」活動は、道の駅八王子滝山がオープンしたため、現在は南大沢駅前のみで実施されている。

## オリジナル商品「ぷりんせすカレー」の開発

道の駅に直売所が整備される計画が具体化し、ぷりんせすマーケットとして活動の方向性を模索している頃、二〇〇六年に中央卸売市場大田市場の視察を行った。そこで、仲卸㈱大治が、練馬区の農家との共同開発で「練馬野菜カレー」を販売していることを知り、八王子でも実現出来ないかと検討を開始した。翌年春にメンバー全員が五万円ずつ出し合い、プロジェクトをスタート。味の調整、野菜のカット方法など思考錯誤を重ね、二〇〇七年一二月にようやく完成。販売されると、道の駅やＪＡの直売所など販路が限定されていたにもかかわらず、わずか一カ月半で完売するほど大きな反響を呼んだ。

この第一弾は、地場産野菜のみを使用し、三五〇円で販売。翌年八月に販売した第二弾は、地場産野菜に加え化学調味料を一切使用しないというこだわりの商品とし四〇〇円で販売、それぞれ五〇〇〇食を完売した。最小単位（五〇〇〇食）で製造したため、単価が高くなってしまったことなど課題はあるが、今後地元企業を巻き込み農商工連携のモデルケースへと発展していくことが期待される。

**写真6—3　ぷりんせすカレー**

### ミルクアイスMO－MO

道の駅八王子滝山のオープンと同時に、テナントとして

写真6—4　ミルクアイスMO－MO

出店した「ミルクアイスＭＯ－ＭＯ」は、店主である金子キミ代さんの夫が営む金子牧場のミルクを使ったアイスクリーム、ジェラートが人気の店舗である。金子牧場は、八王子市加住町の約二・五ヘクタールの牧場で乳牛五〇頭を飼育している。金子さんは、夫を支える傍ら、自前の牛乳を使った加工品を販売したいと思い続けていたところ、ＪＡ八王子の酪農部会に出店者募集の話があり、出店を決意した。

　牛乳を自社ブランドで販売するのに比べ、小規模の設備で製造可能であること、そして地場の野菜との組み合わせにより独創的な商品を作り出せると考え、アイスクリームを選んだ。ＭＯ－ＭＯでは夏場を中心に一日平均八〇〇～一〇〇〇個を売り上げる。主力商品は、牧場の名前を冠した「かねこミルク」。他に地場産の季節野菜を使ったジェラートなども創作し、定番商品に加え日替わり商品を置くなど、工夫に余念が無い。

## 陽気なお母さんの店『はちまきや』

「はちまきや」も、道の駅オープンと同時に出店した農家女性による惣菜屋である。店舗名の由来は、創業メンバーの伊藤はつみさん、澤井ちか江さん、小俣松子さん、井上京子さんの名前の頭文字「は・ち・ま・き」を取ったものである。

道の駅開設に向け、市は農家女性による店舗を期待し、JA八王子女性部に出店希望者を募ったが、誰も手をあげなかった。そこで井上さんは、友人三人とともに「はちまきの会」を発足。一年間の準備期間を経た後、各メンバーが一〇〇万円ずつ出資し、㈱はちまきやを設立し出店に至った。準備期間中、市の支援でフードコーディネーターが監修し、商品ラインナップを整えたが、当初は売上が伸びず苦労の連続であった。

道の駅八王子滝山の客層は比較的高齢者が多いと分析したメンバーは、「よそ行きの料理より家庭的なものを」と、自ら創作することにした。これが功を奏し、今では売上も順調に伸びている。開店後、創業メンバーの澤井さんが抜けたが、社員三人とパート従業員九人で切り盛りしている。

写真6—5　はちまきや

平日は、一日平均一〇万円程度、土日は、一五～一九万円売り上げることもある。

人気商品は、ゴボウ、ニンジン、椎茸、シメジ、油揚げを使ったオリジナル商品の「はちまきおこわ」。その他にもあんころ餅、煮物など素朴な料理がリピーターを生んでいる。MO－MOの金子さん、はちまきやの伊藤さん、小俣さん、澤井さんは、ぷりんせすマーケットのメンバーである。直接消費者に商品を売る「市」活動を通じて、経営感覚を身に着けたことが、こうした農家女性の取り組みにつながっているようであった。

## 四 ファーム滝山の課題と展望

都内初の道の駅併設型農産物直売所のファーム滝山は、行政がリードする直売所として一定の成功を収めつつある。八王子市のような都市型農業では、兼業農家の比率も高く、多品種少量生産を行っている農家が圧倒的に多い。しかし、農産物直売所では多品種少量であっても、品質が良いものを作れば顧客に支持され、それを実感することで生産意欲が高まっている。

### 都市部の農家の意識変革をもたらした直売所

「生産者が店内で消費者と対話しているような直売所は、良い店が多い(4)」と言われるが、ファーム滝山では、レジ業務を委託業者が行っており、消費者との接点が薄くなる傾向にある。それを克服する試みとして、出荷組合員が当番制で売場に立つようにしている。午前一〇時から一二時の間、出荷組合員二名が「野菜の案内人」として並んでいる野菜の特徴やお奨めの料理法などを説明している。また、月一回程度行っている直売会などでは、農家自身が販売する。こうした取り組みを通じて、今まで直売に否定的であった農家も、目の前で商品が売れていく喜び、直接消費者と触れ合う楽しさを実感しつつある。こうした取り組みは、大型農産物直売所において消費者との接点を生み出す方法として有効なものとなろう。

もう一つ、直売所に出荷するメリットは、市場出荷と異なり価格決定権を農家が握っていることである。出荷組合では、毎週開催する値決め会議で決定した上限の範囲内であれば自由に販売価格を決めることが出来る。

農家女性の活動に目を転ずると、ぷりんせすマーケットの活動が農家女性の人材育成として機能した点も興味深い。彼女達は、数年間の「市」活動を通じて、消費者と対面して販売することの楽しさを覚えると同時に、経営的な感覚も身に着けて来た。MO－MOを経営する金子さんは、ぷりんせすマーケットの活動を通じて、開業資金を貯めることはもちろんだが、消費者のニーズを把握することの大切さ、経営することの楽しさを身に着けたと話していた。

農産物直売所はB級品を安く提供しているというイメージがあったが、昨今消費者は、新鮮さ、美味しさ、安心・安全を農産物直売所に期待しており、むしろスーパーのものよりも良い品質の商品を購入出来るようになってきた。八王子市の市政モニターのアンケート結果でも、[5]農産物直売所で購入する理由として、九二％が「鮮度」、四三％が「美味しさ」、そして「生産者がわかる品質保証」と答えている。特に、輸入食材に対する不信感が高まっている昨今、トレーサビリティへのニーズは高い。ファーム滝山では、そのニーズに応えるため、生産者情報が見えるモニターを売場に三カ所設置し、来客が品物のバーコードをかざすと、生産者名、顔写真、コメントが表示されるようにしている。今後は、生産者情報だけでなく、農作物の栽培環境、農薬の情報など、トレーサビリティを徹底するための情報を載せていくことになる。

**都市型農業の可能性**

昨今、都市部でも直売所設置の例が増えてきているが、ファーム滝山の成功は、「消費地と生産地が同居している」という八王子の特性によるところが大きい。つまり、五六万人という購買力とその要求に見合った都内随一の生産額を誇る農業が存在していることが要因となっている。事実、道の駅八王子滝山の指定管理者が実施した「お客様満足度調査」によれば、来場者の居住地分布は、半数が八王子市内であり、近隣地域を含めると九割となっている。また、来店目的を見ると、七割が買い物としており、市が掲げていた「目的を持って来場してもらえる、都市型道の駅」という狙い通りの結果となった。特に、先の満足度調査でも、七割が週に二回から三回以上の利用者となっており、あたかもスーパーマーケットの如く利用されている。だが、大消費地ゆえに地元農家だけでは供給し切れない状況も垣間見える。昨年度の売上の地元産と仕入品の比率は、五四対四六と拮抗している。今後、供給量はもとより、多様な品揃えを確保するためにも、出荷組合へ加入する農家をいかに増やしていくかが課題となっている。

一方、行政に目を転ずると、八王子市は地域産業振興を最重要施策として位置づけ、積極的な取り組みを行っている。二〇〇三年に市が産業振興の基本条例として制定した「いきいき産業基本条例」において、その重点五分野の一つに農業を掲げている。単に道の駅開設の動きに合わせて農産物直売所を整備したというのではなく、運営主体である出荷組合の設立や、農家女性の活躍の場づくりなど戦略的な取り組みは、ファーム滝山の成功の原動力になっている。

ファーム滝山の開設以来、同じ商品を供給する農家同士でも、良い意味で競争し、品質も上がってきている。また、農業は後継者難という大きな課題があるが、出荷組合の農家はファーム滝山へ出荷することにより、確実に収入増につながっており、就農する後継者や若者も増えつつある。直売所の存在が、若手農業者、農家女性に希望を与えている。今後、都市型農業の可能性を示すモデルとして、ファーム滝山を核とした今後の展開に期待したい。

（1）田中満『人気爆発農産物直売所』ごま書房、二〇〇七年。
（2）二〇〇五年国勢調査。
（3）『八王子市みどりの基本計画（改訂版）』素案による。
（4）田中、前掲書、五七頁。
（5）市政モニターアンケート結果については、八王子市ホームページに掲載されている（http://www.city.hachioji.tokyo.jp/iken/monitor/index.html）。

## 第７章　島根県吉賀町

# 有機農業の村から

## ——自給的暮らしの豊かさを発信する「エポックかきのきむら」

松永桂子

清流日本一である高津川が、町の東西を貫流する島根県吉賀町。豊かな自然に恵まれた中山間地域である。島根県最南西部に位置する吉賀町旧柿木村では、約三〇年前から有機農業が盛んに行われてきた。全国的にも「有機農業の里」として名高い。柿木村の取り組みは、村ぐるみで有機農業に取り組んだ全国初のケースではないかと言われている。

その柿木村も、二〇〇五年一〇月に旧六日市町と合併し、吉賀町となった。山口県や広島県と接し、島根県では唯一、中国自動車道のインターチェンジがある町である。旧六日市町は立地の良さから、マツダ関連の自動車部品工場や建築部材、繊維関係の誘致企業などがある。

吉賀町の人口は二〇〇五年において七三六二人であり、二〇〇〇年から約八〇〇人も減少したものの、二〇〇八年までは自動車産業の好調を受け、この二〇〇六〜〇八年で約一〇〇人分の自動車関連の雇用が生まれ、近隣の益田市や山口県岩国市からの通勤人口も増えた。さらに、二〇〇七年の一年間だけでもＵターン・Ｉターン者が約一〇〇人という状況なのである。

島根県の他の中山間地域とは異なる「豊かさ」を感じさせる町である。県境の町であるがゆえの交流人口の多さも目立つ。六日市町が工業の町であるのに対し、柿木村は農業の村。地域産業は対照的であるが、合併を契機に、柿木村で盛んであった有機農業が六日市の側にも浸透しつつある。

## 一　有機農業の村の歩み

柿木村が有機農業に踏み込むきっかけとなったのは、一人の行政マンの熱い思いによるところが大きい。一九七二年、柿木村に入庁したばかりの福原庄史氏（一九四九年生まれ）は産業課で減反政策を担当していた。その際、「なぜ百姓は自分で耕した田畑を自分の手でつぶさないといけないのか」という矛盾を感じ、その怒りが彼を突き動かしていくことになる。

### 減反政策に怒りを感じて

減反政策前の昭和四〇年前後、柿木村はシイタケ、ワサビ、栗が特産品であった。シイタケは多い時には年間二億円の出荷があり、ワサビは近隣の匹見町（現益田市）、日原町（現津和野町）、六日市町を合わせて関西市場の六割以上を占めるほどであった。だが、燃料革命で木炭の生産が滞り、山の木が換金できなくなると同時に、シイタケ、ワサビ、栗を生業としていた人びとも山から下りてきた。そこに、減反政策も重なり、村人は自給自足で飯が食えない状態にまで陥りつつあった。

そこで、福原氏が村の農家に呼びかけ、機械化による単作で商品作物を栽培するのではなく、自給を優先した野菜や米づくりを進めていくことになった。オイルショックを転機に、高度経済成長が幕を閉じ、真の豊かさが問われ始めた頃である。

そして、一九八〇年に柿木村の農家有志一三戸で、「有機農業研究会」を発足させる。当時は規模拡大による近代農業が盛んとなり、化学肥料や農薬の使用が一般的な時代であったが、自給自足を進めつつあった柿木村の一部の農家たちは、こうした近代農業のあり方に疑問を感じつつあった。当時は若い農業者を中心に検討していたが、若者だけでは自給的農産物の生産に自信がなく、農協の婦人部にも支援を要請し、有機農業研究会を発足させたのであった。

写真7—1　福原庄史氏

### 消費者グループとのつながり

有機農業は予想以上の手間であった。殺虫剤や除草剤を使わないため、虫を手で取り除き、雑草を引き抜くという作業は終わりが見えない過酷な労働であった。

さらに、病害虫の発生、虫食い野菜は売れるのかどうかという不安もあった。だが、勉強会を重ねるなどして、安全な食を提供するというこだわりが自信につながり、収穫も増えていくことになった。

消費者もこうした動きに関心を示していく。柿木村の有機農業を支えたのは、意識の高い消費者グループであった。一九八〇年、山口県岩国市の消費者グループから、野菜の定期購入について依頼があった。これにより、「有機農業研究会」を正式に立ち上げることにつながったのであった。それ以降、岩国の消費者グループに野菜を配送、その後、山口県徳山市、島根県益田市の消費者グループにも供給するようになった。これら三方面合わせて三五〇世帯分に毎週、有機野菜や米を供給し続けた。現在でも、この三つの消費者グループとの関係は続き、一二〇世帯分を供給している。

量販ではない、少量多品種の有機野菜を供給する販売ルートを確立させ、さらには山口県や広島県の給食センター、生協、スーパーと提携を拡大してきた。

## 二　活動の拠点となった「エポックかきのきむら」

こうした消費者グループとの結び付きを切り開いていき、村の有機農業を統括していたのが、先の福原氏と、当時ＪＡの職員であった河野克則氏（一九六一年生まれ）の二人である。有機農業研究会の立ち上げ当初、二人はほぼ毎日一七時から二二時までを、農家の指導や新たな消費者グループへの農産物供給の手配に費やしてきた。河野氏は「まさに、五時から男だった」と振り返る。こうして、福原氏と河野氏による「五時から男」の活動は、一九八〇年代の一〇年間ほど続いたのであった。

写真7—2　エポックかきのきむら

**村の農産物直売所「エポックかきのきむら」のスタート**

だが、「五時から男」の活動も、次第に扱う金額が年八〇〇〇万円を超えるほどの規模となり、これでは「ヤミでできない」ということとなって、正式な組織を成立することになった。折しも、一九九一年に柿木村は総合基本計画で「健康と有機農業の里づくり」を提唱。村では、有機農業が小規模農家を中心に浸透してきた。役場も、村づくりの目標を、①健康と有機農業の里づくり、②都市との交流、③福祉の里づくりと、方向性を見定めたところであった。

計画から二年経った一九九三年一二月に、村の農産物直売

写真7—3　河野克則氏

所「エポックかきのきむら」が事業を開始。出資は、柿木村五七％、ＪＡ二〇％、高津川森林組合一三％、柿木村きのこ生産組合七％、商工会三％の三セク方式でスタートした。それに合わせ、河野氏はＪＡを三三歳で退職、「エポックかきのきむら」ただ一人の専属スタッフとなった。

事業の柱は、一つは有機農産物の販売、もう一つは菌床シイタケの復活であった。かつて、シイタケ出荷は、最盛期には年間出荷額二億円もあったが、一〇〇〇万円台にまで落ちていた。そこで、菌床センターを設置し、地元農家に「ほだ木」を供給、シイタケ栽培を普及させていき、「エポックかきのきむら」で販売していった。

その結果、出荷額は七〇〇〇万円ほどにまで回復してきた。現在では二四名が「柿木村きのこ生産組合」の会員となり、一農家当たり七〇〇〇本のほだ木を保有するまでになっている。シイタケは全量、「エポックかきのきむら」の集出荷センターで仕分け、配送されている。さらには、菌床堆肥を「エポックかきのきむら」で発酵させ、有機農家に支給している。

**「農協」と「直売所」二本立ての出荷システム**

「エポックかきのきむら」の特徴は、出荷者が農協か直売所か、出荷先を自由に選べるシステムが確立されていることであろう。

出荷者は、まとまった量が出るものはJA西いわみの「有機農産物流通センター」へ、少量のものは「エポックかきのきむら」に持ちこむ。両者の棲み分けが整い、出荷者が自由に出荷先を選択できるという方式を採っている。

現在、出荷者は二〇八名。この二〇八名で「柿木村産直協議会」が結成されている。このうち、個人農家が一五〇名、残りはグループや法人などである。やや古いが二〇〇〇年の柿木村の農家数は二七三戸、うち販売農家数は二〇〇戸であったことからすると、大部分の販売農家が産直協議会に加盟していることになる。

特に、六日市町との合併後は、六日市の加工グループなども加盟し、今では加工グループや生産者組合は一五団体にまで増えた。「有機農業研究会」をはじめ「有機米の会」「柿木村農産加工組合」「学校給食生産者の会」などのグループが積極的に出荷している。これらの団体も「エポックかきのきむら」へ出荷する場合もあれば、JAの「有機農産物流通センター」に出荷する場合もあり、学校給食などは直接、学校給食会と関係している。

会費は年間一〇〇〇円。手数料は当初二〇%でスタートしたが、現在は三五%である。手数

写真7—4　売り場には厳格な基準を満たした有機野菜が並ぶ。

料が高いのは、出荷者は「エポックかきのきむら」の「集出荷センター」に生産物を持ちこむだけでよく、仕入課が、①道の駅、②村内の温泉施設、③広島のアンテナショップ、④百貨店福屋のインショップ、それぞれ配送先を分けて、梱包、発送作業をしているからである。通常、農産物直売所の出荷者の手数料は一五％が相場であるが、「エポックかきのきむら」は集出荷作業を請け負い、広島のアンテナショップの運営、菌床シイタケ事業などの多角経営に踏み込んでいることを考えると、やはり一五％や二〇％では到底見合わないのであろう。

### 広島でアンテナショップを展開

「エポックかきのきむら」のもう一つの特徴は、広島県の都市部にアンテナショップを展開していることである。二〇〇三年に、広島県廿日市市にアンテナショップ「かきのき村産直店」を開設。村が単独でアンテナショップを都市部に展開している例は、全国でも珍しいと思われる。

毎日、集出荷センターからトラックで有機農産物を運ぶ。また、百貨店の福屋に、二つのインショップ「五日市福屋 in かきのき村」と「福屋食品館 FRED in shop かきのき村」も展開している。客先は山口方面、広島市内の客が多く、年間のレジ通過者は二万八〇〇〇人ほどで、売上はアンテナショップ三〇〇〇万円、インショップ三〇〇〇万円となっている。広島でも柿木村の有機農産物の知名度を高めつつあり、リピーターがかなりの部分を占めるとのことであった。

なお、道の駅の売上は六二〇〇万円ほどで、これらに菌床シイタケ事業を加えた「エポックかきのきむら」全体の売上は二億五八〇〇万円（二〇〇八年度）である。売上は「有機農業の柿木村」の知名度上昇と共に、順調に右上がりに伸びている。

### 有機ＪＡＳより厳格な独自の認証制度

有機農業の安心、安全性を追求するために、「エポックかきのきむら」では、独自の認証制度を設定している。産直協議会が独自で、有機ＪＡＳより厳しい認証制度を設けている。そのレベルは三段階に分けられ、「Ｖ１（Vegetable 1）」は二年間、農薬や化学肥料を使っていない畑で育てた野菜であり、「Ｖ２」はＶ１に移行中の野菜であり、「Ｖ３」は無化学肥料の野菜である。

つまり、有機栽培は最低条件であり、「エポックかきのきむら」に並ぶ野菜は、今ではほとんどがV1の野菜となった。また、米も同様に、R1、R2、R3とランク付けされている。村に有機農業を普及させた「有機農業研究会」では、さらにこれらの基準に加え、自分たちで作った堆肥を用いていることを出荷条件としている。

## 三　有機農業に挑む農業者、出荷グループ

合併後、有機農産物の生産組織は、柿木村だけでなく旧六日市町に普及し、吉賀町全体の動きとなってきた。生産グループや加工グループが一五団体も存在しているのである。生産者グループとしては、一九八〇年に柿木村有機農業研究会（現在会員二二名）がスタートし、柿木村有機野菜組合（二一名）、柿木村有機研究会（三二名）、柿木村有機JASの会（七名）、六日市アイガモ水稲会（六名）、柿木村産直協議会（二〇八名）、学校給食生産者の会（一五名）、旬菜倶楽部（八〇名）、ゆらら青空市の会（五五名）、法連川《しめがわ》の糧（一〇名）など一〇グループが組織されている。

## 有機農産物を丹念に作る生産者

有機農業研究会に発足当初から参加している庭田英明氏（一九四七年生まれ）は、個人で有機メロン、有機スイカ、有機チンゲン菜などのビニール栽培に取り組む。また、一方では、集落営農を法人化して農事組合法人「たぶの木」を組織し、一二名で一〇ヘクタールの米作に取り組んでいる。そこでは、東北地方で盛んといわれる「紙マルチ農法」を導入し、有機米を丹念に作っている。再生紙の敷物を田に敷き、その上に稲を植えつけていく有機農法である。田植え後に除草剤を散布する必要がなく、やがて分解されて有機質の土となる。こだわりの農法であるが、米作だけでは採算が合わないことが課題であるため、エポックに出荷する野菜生産にも取り組み、収益の安定化を図っている。

現在、吉賀町では集落営農組織は一三団体ある。うち、法人化しているのが、たぶの木を含めて二団体。集落営農が活発に行われている地域であるが、庭田氏は「集落の高齢化や担い手不足のため、集落営農は重要である。しかし、法人化すると、結局、人が少なくてもよい仕組みが進む。地域にとっては、それが良いことかどうか分からない」と語る。

そうした危機意識から、庭田氏は若手実習生を積極的に受け入れている。地域の中で後継者を育成するために、六日市町出身の二〇歳代の若者に、有機チンゲン菜のビニール栽培を一切任せている。集落営農で地域の田畑を守りながら、「人」を育てることにも意識が払われている。やはり、農業も「人材」が第一なのである。将来的には、庭田氏は、農業学校のようなものを作りたいと語っていた。

**有機農業を支える人びと**

斉藤兵美氏（一九二五年生まれ）とタケ子さん（一九二七年生まれ）の八〇歳代のご夫婦も、当初からの「有機農業研究会」のメンバー。今でも、ホウレンソウ、キャベツ、小松菜、レタスなど三〇種類以上の野菜を栽培し、岩国市、徳山市、益田市の消費者グループにも無農薬野菜を届けている。これらの消費者グループ用の野菜はＪＡの「有機農産物流通センター」が集荷にやって来る。「学校給食生産者の会」にも入っており、こちらも集荷の仕組みである。唯一、「エポックかきのきむら」の出荷だけは自分たちで持って行く。二人は自給的暮らしに加え、消費者グループ、給食、直売所に生産物を出荷することにより複合収入を得て、自立的な生活を送っている。最近、大阪で勤務する息子の嫁が有機農業を学びに、斉藤さん夫婦のもとに帰ってきた。意外な後継ぎもでき、斉藤さんたちは喜んでいるのであった。

「柿木村有機野菜組合」と「柿木村有機ＪＡＳの会」の代表を務める石井政信氏（一九五一年生まれ）は、脱サラして有機農業に踏み込んだ。ネギを中心にハウス八棟、露地栽培五反、水稲一町を手掛けている。両親、妻、息子と五人で営む。ＪＡＳ米は合鴨農法を導入、生協と村内のオーガニックレストランＡ：ｊａに供給している。ＪＡＳ認証は、三年間圃場に農薬や化学肥料を入れてはいけない。また、生産物の履歴も求められる。

石井さんのところにも、息子（一九七八年生まれ）が建設会社を辞め、有機農業の後継ぎとして入ってきた。手間がかかるが安心、安全の有機農法を息子に伝え、次世代の農業を担う人づくりにも力を入れている。

写真7—5　斉藤夫妻の種類豊富な畑

**農産物加工も活発化**

さらには、女性たちによる加工グループも活発化している。主な加工グループは、六日市町加工所（一〇人／餅、柏餅、おはぎ、練りミソ）、柿木村農産加工組合（一四人／ミソ、餅、かき餅、たけのこ水煮）、河山農産加工所（一〇人／ミソ、こんにゃく）、さわやかグループ（人数不明／梅干し、らっきょう、うり粕漬け）、棚田工房（六人／かき餅、こんにゃく）の五つである。いずれも、農家女性たちが中心の加工グループであり、一人当たりの年間売上額は多い人で一〇〇万円程度である。農家の女性たちが農産物加工に乗り出すこ

写真7―6　柿木村農産加工組合による「柿木みそ」

とにより、経済的自立を遂げ、そして何よりも生きがいにつながっているのである。

「柿木村農産加工組合」の代表の河野昭子さんは、「ミソ、竹の子、もちの加工で毎日が忙しい」と笑う。自家製大豆を用いたミソは年間七トンも製造し、「エポックかきのきむら」の人気商品の一つとなっている。

加工組合は、一九八六年に一六人でスタートした。ミソなどの特産品部会と、竹の子、ワラビ加工の山菜部会に分かれていた。一九八九年から「ふるさと小包」向けのもち部会も結成。売り先は、福原氏が斡旋し、消費者グループ、学校給食、ゆうパック、イベントなどが主であった。「エポックかきのきむら」が出来てからは、直売所とアンテナショップの販売が多くなり、今では売上一〇〇〇万円のうち六割が直売所での販売となっている。

現在は、当初メンバーが減り一二人となったため、部会制度を廃止した。また、ローテーションは一週間に四人ごととし、時給六〇〇円を支給している。一〜三月は特にミソの仕込みで忙しい。自慢の「柿木みそ」は一キロ八一七円で販売し、甘ミソと米ミソの二種類がある。当初のメンバーは河野さんはじめ四人にまで減ったが、八二歳で頑張る人もいる。

このように、有機農産物の生産者だけでなく、それらを用いて加工に携わる女性たちの活動も長く継続している。有機農業で一つにまとまる村はこうした各グループ活動によって、支えられているのである。

## 四　地域を支えていた世代が支えられる立場に移りつつある時

約三〇年前に有機農業に取り組んだ柿木村。今では、吉賀町となり、地域全体に生産グループ、加工グループ、農村レストランが普及してきた。「エポックかきのきむら」を拠点に広島にもアンテナショップを持ち、消費者グループと直接結び付くなど、販売についても先進的な動きを見せてきた。小さな村であるが、有機農業の先端地域として全国にその名を広めているのであった。

最近の話題としては、国の有機農業推進モデルタウンとして、吉賀町は中国地方で唯一認定を受け、二〇〇八年から五年間、町の有機農業推進協議会を母体にして、有機農業に取り組む農家を増やしたり、生産者の育成に取り組んでいるところである。

## 高齢化する生産者と次世代の育成

三〇年間の歩みは、一つの時代の移り変わりを象徴する。有機農業の村の次なる課題は、次世代の生産者の育成であろう。人口減少が進む中で、定住対策も充実させることが求められている。柿木村では、一〇年前からこうしたことを意識し、「棚田オーナー制度」を設け、実際に柿木に足を運んでもらい、柿木ファンを作ることにも成功してきた。

棚田百選にも選ばれた大井谷地区の棚田を次世代に伝えていくために、棚田オーナー制度や棚田トラスト制度が展開されている。棚田オーナー制度は、一区画一〇〇平方メートル（田んぼ一枚）を三万六〇〇〇円で借り受け、年三回の田植え、草とり、収穫の農作業に参加し、収穫米は全て持ち帰ることができるというものである。また、棚田トラスト制度は、棚田支援をしたい人を中心に、一口一万円で資金を集め、棚田保全に活用される。一口あたり五キロの新米が宅配されるという仕組みである。受け入れ農家数は八戸であり、広島県などから二七組を受け入れている。こうした棚田オーナー制度を経て、定住した人も何人かいる。

定住者の呼び水ともなりつつある棚田オーナー制度も定着したものとなってきた。さらには、「有機農業のメッカ」としての柿木村、吉賀町を舞台にして、本格的な有機農業の人材育成策が期待される。

今後、福原氏はじめ、河野氏や庭田氏など有機農業の先駆者がキーマンとなり、担い手の育成を行政と連携して取り組んでいくことが関係者の中でも話題となっていた。この一五年、「エポックかきのきむら」を一大事業に育ててあげてきた河野氏は「合併後は、六日市町にも有機農業を普及させている。課題は出荷者が高齢化し、ほとんどが七〇歳代になったこと。若い人にも有機農業を伝えていきたい」と語る。

実際に、二〇〇八年度には四回の技術研修会、二回の有機農業塾が行われ、有機農業の参入希望者に対して、基礎から野菜作り、米づくり、堆肥の与え方、土壌診断について指導の機会が設けられた。今後は有機農業者数を一二四戸、有機農産物出荷額九七六〇万円（二〇〇八年度）から、五年後にはいずれも一三〇戸、一億一〇〇〇万円に増やすことを目指している。

写真7—7　棚田百選に選ばれている「大井谷棚田」

## 小さな農家を守るために

行政の立場から、有機農業を推進してきた福原氏は、二〇〇九年三月に吉賀町産業課長をもって定年退職した。行政という立場を離れても、現場に関わり続ける福原氏。彼は、吉賀町の有機農業の課題の克服について、次のように語る[1]。

「わが町のような山間地域では、専業的な担い手農家は限られており、兼業の中で農地や集落を維持しながら必要な所得が確保されるような形態を目指していかなければ、集落の維持は困難だと考えています。わが町の実情や自然条件から考えると、単一・単作による全必要所得の確保は困難です。兼業所得を前提としながら、多くの小農が生き生きと暮らし、集落を維持、活性化できるような対策が最大の課題です。そのためには出来る限り農地の集積はせず、年齢や体力に合わせて自ら耕し、人との交流の中で消費者の支援も期待しながら農地の維持を図ることが大切だと考えています。

流通は、交流できる範囲が原則で、青空市、学校給食、道の駅、町内の温泉施設や飲食店、消費者との提携、アンテナショップの活用、スーパーや自然食レストランなど、できる限り身近なところから流通販売体制を整備し、地産地消やグリーンツーリズム資源の開発を含め複合経営、複合収入により必要所得を確保します」。

福原氏の願いは、小さな農家が生涯現役で農業を続けられるよう、身近な範囲で販売体制を整えていくことにある。決して儲けのためのビジネスではなく、生活できる範囲の糧を得ることが何よりも重視されている。

### 地域を支えてきた世代と次の課題

「食」の「安心、安全」が志向される昨今、有機農産物に光が当たり、今では旧柿木村、吉賀町は全国からも注目を集める地域となった。消費者グループとのつながりをきっかけに、有機農業研究会を立ち上げ、有機農産物の生産と販売を徐々に確立させてきた。そうした地道な努力の延長上に、農産物直売所「エポックかきのきむら」が設置され、広島県にも有機農産物のアンテナショップを展開するまでの動きとなってきた。さらには、集落営農の組織化、女性たちによる農産物加工グループなどもネットワーク化し、棚田オーナー制度や農業体験学習など、都市農村交流の拠点としての役割も果たしている。

こうした地道な取り組みの最大の成果は、生産と販売を系統流通とは異なるルートで独自に結びつけたことであろう。小規模生産ならではの出荷ルートを確立させたことが、柿木村の特徴といえる。直売所「エポックかきのきむら」へは各農家が直接に出荷をし、地元の学校給食や消費者グループへの食材は集荷システムが導入されている。生産物流通を二つのタイプに集約させ、生産者がそれらを柔軟に選択できるようにしたことが、有機農業を柿木村全体、さらには新吉賀町に広げていくことにつながった。

このように、出荷先を生産者が選択できる仕組みを築き、生産物流通の拠点を形成してきたのが「エポックかきのきむら」である。

今後、地域の最大の課題は、「地域を支えてきた人びとが支えられる立場に変わりつつあること」であろう。「エポックかきのきむら」はじめ吉賀町の人びとが、この難しい課題にどのように向き合うかが問われている。そのためには、有機農業を支えてきた地域農民の知恵、技術を次世代に継承しながら、自立的で自給的暮らしを継続させていく新たな挑戦が求められよう。

(1) 二〇〇九年四月に実施された「清流高津川を活かした産業振興シンポジウム」資料より。

## 第8章　兵庫県淡路市／御食つ国の産地直売所
### ――行政が立ち上げた交流施設「赤い屋根」

足利亮太郎

天地《あめつち》の　遠きがごとく　日月《ひつき》の　長きがごとく　おしてる　難波《なには》の宮に　わご大君《おほきみ》　国知らすらし　御食《みけ》つ国　日の御調《みつき》と　淡路《あわぢ》の　野島《のしま》の海人《あま》の　海《わた》の底　沖ついくりに　鮑玉《あはびたま》　さはに潜《かづ》き出《で》　舟並《ふねな》めて　仕《つか》へ奉《まつ》るが　尊《たふと》き　見れば（『万葉集』巻六―九三三）

（訳）天と地が　無窮であるように　日と月が　長久であるように　［おしてる］　難波の宮で　わが大君は　遠長く国を治められるらしい　御食つ国の　貢ぎの品として　淡路の　野島の海人が　［海の底］　沖の暗礁で[(1)]　あわび玉を　たくさん潜って取り出し　舟を連ねて　奉仕している　その貴いさまを見ると

最古の歌集に「御食《みけ》つ国[(2)]」と詠まれたように、古来、淡路は食材に恵まれた国であった。温暖少雨の瀬戸内型の気候的特徴を示すこの島からは、今も農産物、水産物、酪農品や畜産品に至るまで様々な食材が京阪神を中心とする消費市場へ供給されている。特にタマネギの産地と

図8—1　淡路市の位置

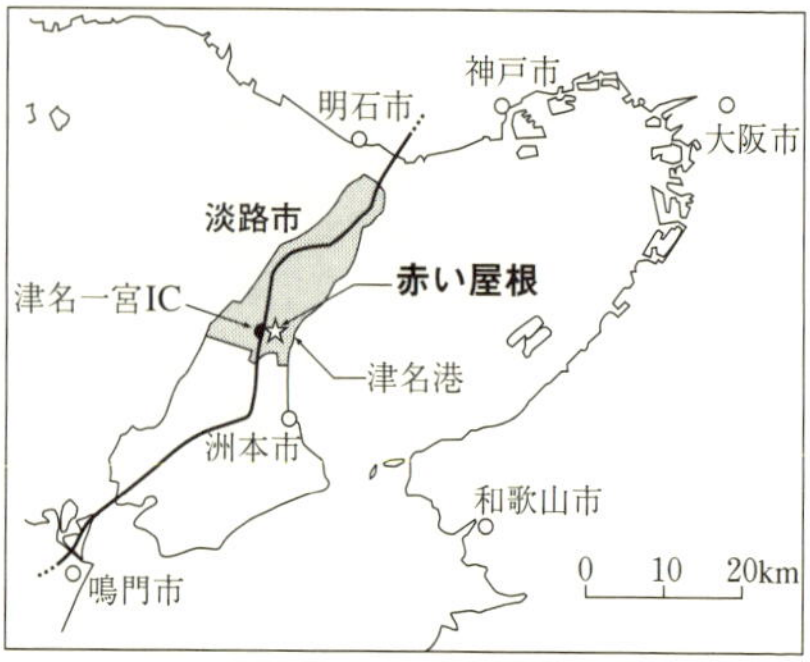


して有名であるほか、淡路ビーフ[3]は二〇〇六年に開始された地域団体商標制度に基づき特許庁に出願されている、いわゆる地域ブランド商品である。

一方、大都市圏に比較的近い淡路島には、本州四国連絡橋の開通（一九九八年）以前より温泉での保養客、海水浴や釣りなどを目的とするレジャー客が多く訪れ、そのことは観光客を相手とする直売所の成立を促してきた。個々の農家が自宅前や道路沿いで収穫物を小規模に販売するケースに加え、現在では道の駅に併設された直売所、ホームセンターやテーマパークの一角に設けられた直売所など多様な形態が島内にはみられる。

「世界との交流」を掲げる淡路ワールドパークONOKOROのメインゲートに隣接して二〇〇九年三月に開業した「あわじ産直市場　おのころ畑」もその一つである。休日に偶々家族サービスの一環でこのテーマパークを訪れた筆者は、家内の見立てでは明らかに安価で新鮮な農産物や花卉で満ちた本格的な直売所が、こうした場所に整備されていることにまず感心した。タマネギやブロッコリーなどの商品には、生産地や生産者名を記した紙片が添えられており、その品質を期待するとともに安心感も抱く消費者心理も合わせて体感した。

また同年四月にはホームセンター・コーナン東浦店に「こーなん産直館」がオープンしている。最近の「食」に対する国民的な関心の高まりが一つの背景となり、こうした産直施設の展開に至ったと思われるが、島内には一〇年以上前に行政が立ち上げた直売所があると聞いた筆者は、淡路市役所に現地調査の申し込みを行った。

「産直といっても、農家の人が自分の畑でとれた農産物を持ち寄って、自分で値段を設定して販売する…といった一般的なイメージの産直とは異なるのですが」と電話口の産業振興部商工振興課の佐藤富夫氏は前置きをしたうえで、「産直淡路島　赤い屋根」(以下、赤い屋根)の概要と設立の経緯について話しだした。確かに、近年、注目を集めている産直とは異なるタイプであるとの印象を受けたが、早期に自治体が設立した直売所にやはり興味がわき、改めて現地を訪れることにした。

## 一　赤い屋根の設立

既に一九八五年、大鳴門橋の完成によって淡路島は四国と陸路で結ばれ、その二年後には津名・一宮インターチェンジが徳島方面から延びる淡路縦貫自動車道(現在の神戸淡路鳴門自動車道）の終点となった。一方、津名港は当時、神戸、西宮、大阪、泉佐野と定期航路で結ばれており、津名町は本州と四国を結ぶ交通の要地といえた。

町では当時建設中であった明石海峡大橋が完成すれば本州方面から観光客の増加が見込めるとして、町内各所で農産物等を販売している人びとを集めて直売所を設置する構想を推し進めた。折しも発生した阪神・淡路大震災により町域は甚大な被害を受けたものの、震災復興三カ年計画の最終年度事業で、養豚場などが立地していたインターチェンジに隣接する丘陵地が平坦地に改変され、鉄骨平屋建ての販売施設一棟（延べ面積一三九五・六平方メートル）、RC構造平屋建ての案内所兼トイレ（延べ面積一一六・七平方メートル）および駐車場（面積三八〇〇平方メートル）からなる直売所の建設が進められた。明石海峡大橋および神戸淡路鳴門自動車道の全線開通から遅れること半年後の一九九八年一〇月八日、ついに赤い屋根は竣工式を迎えた。

開業に先立って出店者を募ったところ、二一の事業者が出店を希望し、事業内容などについて二度のヒアリングを行ったうえで重複にも配慮し、一二の出店者が選定された。さらに出店場所の抽選や面積調整を経て、配置も決まった。

赤い屋根は津名町の施設として建設されたが、管理・運営は商工会に委託され、一宮町などと合併して淡路市となった現在は淡路市商工会が引き継いでいる。なお、賃料は一平方メートルあたり月額二五〇〇円となっている。

## 二　個性的な「プロ」の出店者

佐藤氏が最初に述べた通り、赤い屋根は、農産物などの生産者が商品を持ち寄ってくる販売所ではなく、農産物をはじめとする様々な食材の販売業者が集まった施設である。各々の出店者は、いずれも個性的な商人である。

### 通販の店　こだわり屋

店主の城古直良氏は、かつて営んでいた内装工事業が振るわなかったこともあり、「淡路の旨い米を売りたい」という一心で食品販売業に転向したという。今も一番の人気商品は、減農薬により契約農家の棚田で栽培された米で、販売時に精米をしている。河川や溜池から水を引く一般的な水田と違い、棚田ではより清澄な地下水を利用することに加え、標高が僅かでも高い土地は寒暖の差が大きく、旨みが詰まった粒の小さな米ができるのだと城古氏は熱く語る。

米以外にタマネギやサツマイモなどの農産物、灰ワカメやシラス干しなどの海産物、ぽん酢やドレッシングなどが並ぶ店には統一感はない。これは「旨い」という評判を聞くたびに生産

写真8—1　赤い屋根の外観

写真8—2　赤い屋根関係者

前列左が阪口琴美さん（淡路市産業振興部）、右が佐藤富夫氏（淡路市産業振興部課長）、後列左が弦牧多津子さん（「赤い屋根」受付係）、右が雉鼻千年氏（淡路市商工会事務局長）

者のもとに城古氏自らが足を運んできた結果である。タマネギの有機栽培が地方紙で報じられると、ただちに生産者を訪れて販売契約を結んだという。鳴門の漁師から仕入れる天然のワカメや淡路島北部の岩屋でEM技術[4]を用いて生産された海苔など、店頭に並ぶ商品はいずれも屋号通りの深いこだわりの賜物である。

店主が納得できる良質な食品だけを選んで販売してきたこだわり屋は、クチコミで大勢のファンをつかんでいる。店は入口からは奥まったところにあるため、事情を知らない観光客では店の存在に気づかないかもしれない。しかし商品を購入した客の反響は大きく、また土産物として受け取った第三者からの注文も少なくない。したがって二度、三度と訪れるリピーターが多いこと、全国から注文が届くことがこの店の特徴である。

**産地直売所　島村**

赤い屋根の正面入口付近と店内に入ってすぐ左側が産地直売所島村の販売スペースとなっている。入口付近には、テレビ番組で料理評論家が絶賛した完熟タマネギが陳列されている。洲本市鮎屋の成井修司氏が生産したというこのタマネギは、糖度が一三〜一四度にも達し、果物に匹敵する甘さをもつ。塩、にがり、ちりめんじゃこなどの海産物を混ぜ込んだ土壌で、有機肥料と減農薬により栽培されたこのタマネギは、一部の契約店舗と成井氏の直売施設でしか購入することができない。

一方、屋内には農産物のほか、いかなごのくぎ煮などの水産加工品、銘菓、玩具など土産物は何でも揃っている。印象的なのはラベルに店主の似顔絵がプリントされた特製の黒酢タマネギドレッシングのそばで、クワガタも販売されていたことである。

同社が赤い屋根に入居した一〇年前は、海鮮市場島村という屋号で水産物の販売に力を入れていたという。ただし、島内での宿泊客が土産物を買いに立ち寄る時間は午前中が中心であるのに対し、淡路島周辺の漁業は日中に行われ、水揚げは午後になってしまう。そこで、多くの観光客に新鮮な海産物を提供することは困難だと判断し、多様な土産物を買い揃えることができる現在のスタイルに変更したという。

**柴宇海産物**

正面入口を入ってすぐ右側の一角は、無数の干したタコが吊り下げられた賑やかな雰囲気の柴宇海産物の販売スペースとなっている。タコのほか、鯛の一夜干し、干しエビ、シラス干し、ちりめんじゃこなどの水産加工品が数多く並ぶが、これらは自前の加工場で天日干しされたものである。

店頭に立つ工場長の石坂満男氏によると、こうした加工品は赤い屋根で販売されるほか、東京や名古屋の市場、神戸の百貨店にも出荷されてきた。最近ではスーパーやコンビニチェーンにも卸しており、製造工程や品質管理体制には強い自信を持っているという。

大阪湾に面した同社の加工場は、赤い屋根から車で一五分程のところにある。案内された日も、大きな釜で茹であげられた大量のシラスを石坂氏の夫人が干している最中であった。こうしたシラス干しはマイナス一八℃、ちりめんじゃこはマイナス一〇℃に冷凍して出荷される。

柴宇海産物では、例年一二月三〇日、三一日に「ブリ祭り」も開催している。鹿児島にある同社の養殖場から直送されるブリやハマチがキロ当たり一一〇〇円程度で販売される。二〇〇八年末には赤い屋根で約一二〇本分が売り捌かれた。

写真8—3　シラスの天日干し作業

### 松竹堂香舗

入店して左方へ、奥まで進むと、陳列台に線香類が所狭しと並べられている。やや異質な雰囲気が漂うが、近くの休憩スペースにあるベンチに座っていると、ふらっと覗いてみようという気になる。

実は淡路島の線香製造は、全国の七割を占めるといわれており、まさに特産品である。『日本書紀』には沈香木が淡路島の尾崎の浜に流れ着いたという記事もみえるが、幕末には旧一宮町江井で線香生産が開始されていたことが知られている。

同社のホームページによれば、大阪府堺市で創業した後、一九四七年に二代目が江井に移って起業した。

その後、大阪府河内長野市への移転を経て、再び一九八〇年に故郷の淡路島に戻った。赤い屋根では大発（淡路市多賀）、薫寿堂（淡路市多賀）、カメヤマ（大阪市北区）など他社の線香やロウソクも販売している。中国産線香の圧迫が強まるなか、赤い屋根は各社の協同体制の象徴であり、多様な品揃えで顧客の反応をみるアンテナショップとしても機能している。

**花ひろば**

正面入口前の屋外スペースでは、「かくし玉」が販売されている。「かくし玉」は糖度が高い淡路島特産のタマネギで、「道の駅あわじ」など島内の一部の店舗でのみ取り扱っている。タマネギ専用の土壌でアミノ酸やミネラルを多く含んだ天然肥料を用い、統一された生産方法を守るために生産者が一人で種植から出荷までを担当したこのタマネギが花ひろばの目玉商品である。

店内に広がる販売スペースでも、タマネギドレッシングや花卉、灰ワカメなどさまざまな淡路島の特産品が販売されているが、見たことのない個性的な野菜や果物も並んでいる。花ひろばを運営する長尾農園は、その名の通り元々は農業を営んでいたが、同社の長尾亨氏によれば、周囲に生産の上手な農家がいくつもあったことから自分たちは販売に専念することを決心した。現在、一〇軒の農家と取引契約を結んでおり、季節に応じて特定の生産者から温州ミカン、鳴門オレンジ、ビワ、スイカ、トマト、トウモロコシなどを仕入れている。

食の安全性に対する意識が高まるにつれ、生産者の氏名や写真を公表する販売店も増加しているが、花ひろばでは原則非公表である。生産者の中に気恥ずかしさを感じる人もいるためであるが、長尾氏自身がそれぞれの生産者や生産方法に通じており、それぞれの農産物の特性も熟知していることから、公表の必要性を感じない。その分、購入者に対して長尾氏自らが丁寧に説明をすることで商品の質を担保している。

これら五つの出店者のうち四社は通信販売にも積極的で、特にこだわり屋は通販比率を現在の六割から七割に引き上げたいと考えている。通販を含む独自の販売ルートを有するこれら四社にとって、赤い屋根は訪れる観光客に、それぞれが扱う淡路島の優良な特産品をPRする絶好の場である。ここで一度購入してもらえれば、その後は通販で消費者に継続して提供できる。

一方、花ひろばでは、もともと生産ロットが小さいことから通常の流通経路に乗らないような農産物の販売が特徴的である。限られた契約農家から仕入れる季節性の高い農産物を、通販

**写真8—4　長尾亨氏**

などで大量に販売することは困難であり、商品特性などを対面方式で直接説明しながら販売することを重視している。

以上のように、出店者の経営方針に違いはあるが、いずれも販売業者としてのプロ意識が強く、取扱商品に対する強い自信と遠隔地に住む消費者を思う姿勢は共通する。

## 三　赤い屋根の役割

### 産地と消費者を結びつける

赤い屋根は、生産者と消費者をつなぐ商業施設であるが、特に産地を訪れる観光客に対し、農産物のほか、線香を含む各種加工品を直売する施設であり、地域資源といえる各産業と観光業との連携拠点である。

淡路島を訪れる観光客は、産地で農産物や水産物を購入することを少なからず楽しみにしている。赤い屋根では、新鮮な食材の提供によってそういった観光客の期待に応えることはもちろんのこと、一般の市場にあまり出回らない良質で珍しい産地特有の農産物を提示して、それ以上の驚きやお得感を消費者に与えている。こうした積み重ねが消費者からの信用や評判に繋がっているのであろう。

### 販売業者を結びつける

従来は個々に活動していた農産物等の販売業者を一カ所に集めることを目的に整備された施設が赤い屋根である。集まることにより、販売業者間での競争意識が芽生え、事業内容の洗練が進んだことは想像に難くない。

特産品の購入を希望する観光客にとっても、移動に際して目標物がある方が望ましい。大規模な駐車場が整備されていることで、マイカー客に加えてバスもアクセスしやすく、より多くの観光客を誘致することが可能となった。何よりも行政や商工会の後ろ盾があることで、赤い屋根の出店者の信用は側面からも支援されてきたといえよう。

### 地域住民を結びつける

「地域」という一定の空間において赤い屋根が果たす役割は、経済と社会の二つの観点から捉えることができる。

まず、同施設で販売されている商品の大半は、地元で生産されたものであるということである。すなわち農業、水産業、食品加工業など地域産業との結びつきのなかで赤い屋根は存立してきたのである。

さらにこの施設は、公共空間として地域コミュニティの結びつきに貢献してきたことにも注目したい。淡路市の各所では、お盆にあたる毎年八月一五日に小学校の校庭などを会場に納涼祭が開催されるが、ここ中田地区では商工会が中心となって赤い屋根の広い駐車場で盛大に催される。納涼祭は、年末の「ブリ祭り」とともに、多数の地域住民そして帰省客と一緒に盛り上がる貴重な交流の機会となっている。

多様な人びとが様々な形で結びつく赤い屋根を日頃から見守り、支えているのが、別棟の案内所に常駐する弦牧多津子さんである。本人は「受付係」というが、出店者組合の世話人として、市・商工会とのパイプ役を務めるほか、出店者同士の緩衝材としての役割、団体客の受け入れ手配、観光案内を求める一般旅行者や休憩に訪れる観光バスの運転手・ガイドの接客、商品購入者からの問い合わせへの応対などを一人でこなしている。

出店者はいずれも独立した商人であり、管理者の商工会が強いリーダーシップを発揮する必要性はこれまでまずなかった。しかし、互いに競合関係にある以上、些細なことが出店者間でトラブルに発展する可能性も否めない。弦牧さんがまめに施設内を歩いて回り、出店者と雑談を交すことはそうしたトラブルを未然に防ぐうえで役立ってきた。

## 四　ファンをいかにして獲得するか

二〇〇八年一〇月、淡路島の食材の素晴らしさを伝え、ファンを増やすことを目的に、淡路島観光連盟が主導して「淡路島牛丼プロジェクト」がスタートした。島内の和食店、ステーキ店、喫茶店、ホテル・旅館など合わせて四六店が、淡路特産の牛肉、タマネギ、米を用いてそれぞれ趣向を凝らした独自の牛丼を考案し、メニューに加えることになった。二〇〇九年八月現在、同プロジェクトには寿司店やスリランカ料理店を含む五二店が参加している。

高級感のある淡路ビーフを比較的手軽に味わえることもあって、牛丼マップを手にした観光客で各店とも大層賑わっていると聞くが、筆者も温泉とセットになったあるホテルのプランを楽しんだ一人である。さらに翌年七月末までの一年間にわたるスタンプラリーイベントも開催されており、淡路島を繰り返し訪れたい気持ちになる。

### 消費者からの信頼に支えられた産直施設

赤い屋根でインタビューを行うと、いずれの店舗関係者からも情熱的ともいえる説明を受けることができた。各社が取り扱っている淡路島の特産品について強い自信を有すること、それを販売することに誇りを抱いていることが伝わってくる。

また、最近は購入者からの「商品が傷んでいた」といった苦情電話を受けることもほとんどないと弦牧さんはいう。クレームに対して各店舗がしっかりとした対応を重ねてきたため、苦情が繰り返されることがないのであろう。さらに、訪問客に対し、各店舗がお勧め商品や特徴、調理法、経営方針などとともに連絡先などを印刷した独自のリーフレットを配布していることも信用の源泉となっている。

発足当時には一二の出店者で埋まった施設内には、現在、がらんと空いたスペースもみられる。撤退した事業者には、隣接地で大規模に事業を展開する「たこせんべいの里」も含まれる。同社はもともと愛知県知多郡の㈱えびせんべいの里が、新築された赤い屋根に進出したものである。赤い屋根での二年間が、同社の淡路島での拠点づくりの期間であったといえよう。

出店者数は縮小したが、入場者数・売上高はしばらく横ばいを続けた後、ここ数年はいずれも回復基調にある（図8―2）。特に売上高は明石海峡大橋の開通間もない一九九九年のそれに迫る勢いである。売上が大幅に増加した確たる要因について、現時点で分析は不十分であるが、弦牧さんによれば、訪れる観光客の中にしばしば見知った顔があるといい、リピーターの存在は決して小さくないと考えられる。また、問い合わせ電話の中には商品の発送依頼も少なくないと弦牧さんがいうように、通信販売が売上高を大きく押し上げているものと思われる。

**図8—2　赤い屋根の入場者数と売上高**

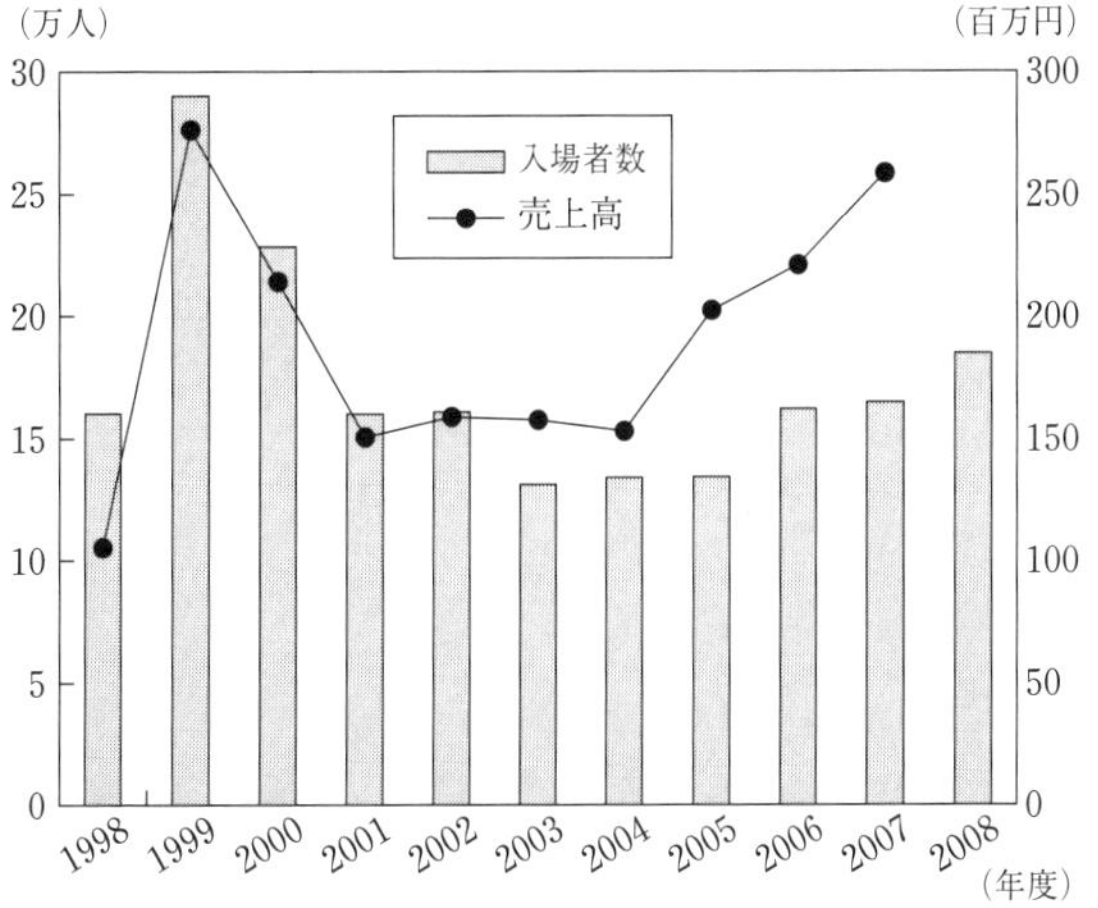


資料：淡路市商工会資料

## 課題と展望

『平成一九年度　兵庫県観光客動態調査報告書』（兵庫県）によると、淡路地域は観光消費による付加価値誘発額が八七〇億円で、同地域総生産額の一九・九％と試算されている[5]。兵庫県全体の値が五・八％、神戸地域の値が六・九％であることを鑑みても、淡路島において観光がいかに重要な産業で、経済波及効果があるかを物語っている。この「観光」と生産・消費を繋ぐキーワードが「食」である。

ただ、「大都市圏から近い」「架橋により陸続きとなった」といっても、例えば普通車で片道二三〇〇円の明石海峡大橋の通行料を考えると、入島するコストは決して安いとはいえず[6]、その意味で赤い屋根は観光の「主役」

にはなりえない。従来から淡路島に観光で訪れる人の目的は、「温泉」「公園・遊園地」「社寺参拝」が中心を占めてきたように、淡路島の農産物など特産品を観光客にアピールし、直売するこの施設は、欠くことのできない「名脇役」であるべきだと思う。無論、赤い屋根でも各種の観光スポットとの連携を強く意識しており、そういう役回りであることは自覚されていよう。

ただ、淡路市に限っても、ここ数年の観光客年間入込数は五〇〇〜六〇〇万人で推移している。よって赤い屋根を訪れ、魅力的な店舗に並ぶ淡路の豊かな農・水産物などに惹かれる潜在的なファンは、現状でもまだまだ存在するはずである。ここに至るまで、市や商工会は、直売施設を整備し、そうした良質な特産品を販売する人たちを上手くコーディネートしてきた。今後、そうした潜在的な存在をどのように掘り起こし、顕在化したファンとして獲得するのか、具体的な道筋をつける時期に差し掛かっていると思う。

個々の消費者が情報の発信者となりうるインターネットが高度に発達した現代の社会では、何かの拍子でファンが急速に増加することもありうる。逆に信用の失墜は地域経済にいとも簡単に大きなダメージを与えることになる。

赤い屋根が担い手の一つとなって築いてきた淡路の「食」に対する信頼を基盤として、地道に、しかし前向きに、淡路ブランドを醸成していってもらいたい。地域としての経済的な価値の高まりがあって、住民の精神的な安らぎや満足感そして誇りも育まれる。産地直売所を起爆剤とした地域振興のありようを今後、見続けていくことができれば幸いである。

（1）『萬葉集 二（日本古典文学全集 三）』小学館、一九七二年、による。
（2）天皇の食料を奉る国を指す。なお、『延喜式』によれば淡路からの貢納品は、獣肉・魚・塩と定まっていた。
（3）淡路ビーフは、淡路島で数多く飼育されている但馬牛の肉である。なお但馬牛は三大和牛とされる神戸牛、松阪牛、近江牛の素牛として知られる。
（4）ＥＭ（有用微生物群）技術は、土壌改良用に開発されたが、ヘドロの発生が抑えられるなど環境に配慮した技術として水産養殖分野でも応用されている。
（5）http://web.pref.hyogo.jp/contents/000122227.pdf
（6）二〇〇九年三月よりＥＴＣ搭載車に対する高速道路の休日割引が実施されており、一〇〇〇円効果により赤い屋根でも休日のたびに例年のゴールデンウィーク並みの入場者があるという。ただし、時限措置であるこの制度の先行きは不透明である。

# 第9章　北海道長沼町

## 直売所から始まった農業を基軸とした地域産業
### ――直売所「マオイの丘公園直販所」を起点に連鎖的に展開

酒本　宏

札幌市から帯広方面へ向かう国道二七四号線を一時間ほど車で走ると、田園風景が広がる長沼町に着く。その小高い丘の上にあるサイロを思わせる建物が、年間一〇〇万人以上もの人びとが訪れ、北海道でも一、二位の人気を誇る道の駅「マオイの丘公園」である。

この人気を支えているのが、道の駅に併設された農産物の直売所「マオイの丘公園直販所」。「JAながぬま」のほか地元の生産者グループのブースが並び、新鮮な野菜を求める人たちで賑わっている。ここでは、買い物客が野菜を手に取りながら農家のお母さんたちから料理法を教えてもらうなど会話がはずみ、スーパーマーケット等ではお目にかからないような曲がったキュウリも、何ら抵抗なく購入されている。長沼産の農産物が出始める六月下旬からの土・日曜日がかき入れ時で、ピーク時には一日一万人もの人が訪れている。

「マオイの丘公園直販所」は、今では長沼町の農産物や農産加工品を販売するだけでなく、農業のまち・長沼町を広く情報発信する重要な役割を果たしている。この直売所に代表されるように、長沼町では直売所から農業を基軸とした新たな地域産業が興っている。

## 一　長沼町の概要と農業

長沼町は、札幌市から東に三二キロに位置する総面積一六八・三六平方キロ、人口一万二四〇一人、世帯数四四〇四世帯（二〇〇五年国勢調査）の町。町内には、町域を囲むように夕張川、千歳川、旧夕張川、嶮淵川、馬追運河などの河川が流れており、かつては湿地帯であったことを感じさせる。長沼という町名は、開拓当時にあった「タンネトー」といわれる沼に由来し、タンネトーとは、アイヌ語で細長き沼という意味である。ここから「長沼」という地名が生まれた。

町の約八割が、広大な石狩平野の平地で占められており、東側には海抜二〇〇〜三〇〇メートルの馬追《まおい》丘陵が連なっている。こうした地形から、石狩平野を見下ろす眺望ポイントが数多くあり、丘稜から眺める大平原に沈む夕日の美しさはよく知られている。

また、馬追丘陵には、北海道でも有数の湧出量を誇る「ながぬま温泉」をはじめ、パークゴルフコース、「JAながぬま」の直売所がある「コミュニティ公園」、オートキャンプ場、ゴルフ場、観光体験牧場など、数々の観光施設やレクリエーション施設が点在している。札幌に近く、近年では眺望の良さや美しい田園風景に惹かれた移住者の住宅も数多く見られる。

図9―1　長沼町の位置図

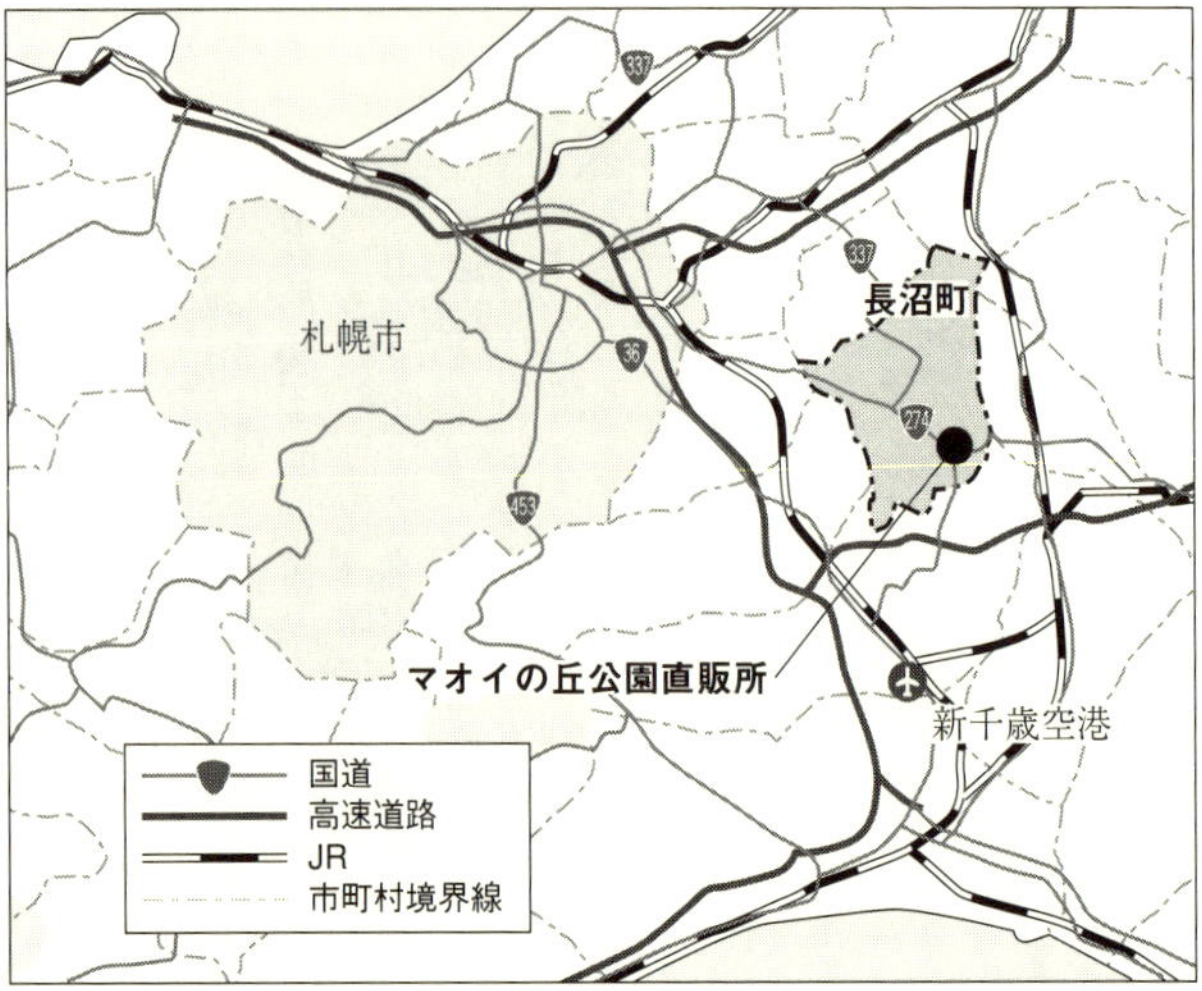


**長沼町の農業の概要**

長沼町の耕地面積は一万一五〇〇ヘクタール。その内訳は水田が九二二〇ヘクタール、畑地二二五〇ヘクタール、その他三〇ヘクタールとなっている。農業産出額は、二〇〇四年が一〇〇億九〇〇〇万円で、そのうち稲作が三〇億九〇〇〇万円（三〇・六％）、稲作を除く耕種が五七億二〇〇〇万円（五六・七％）、畜産が一二億八〇〇〇万円（一二・七％）となっている。農家戸数は九三七戸で、一戸あたりの生産農業所得は五六九万円。耕地一〇アールあたりの生産農業所得は、五・〇万円で、北海道平均より三・七万円上回っている。

長沼町は、北海道でも有数の米どころであり、それを象徴するかのように町内には日本一大きな穀類乾燥調整貯蔵施設「米の館」が建っている。「米の館」では、米の乾燥、選別、検査、出荷までを一貫して行い、籾の状態で食味が落ちにくい状態まで乾燥させた後、低温貯蔵し発注に応じて精米する今摺米《いまずりまい》として出荷している。

写真9—1　長沼町の広がりのある田園景観と米の館

### 稲作から複合経営への転換

長沼町では、今でこそ大豆や小麦、長ネギ、白菜、トマト、果樹などが栽培され、稲作・畑作・畜産といった多様な農業が展開されているが、それまでは稲作が主体であった。一九九〇年代に北海道産米の価格が急落したことをきっかけに、稲作主体から転換せざるを得なくなった。特に長沼町は水田での転作作物の導入が遅れていたため、稲作農家の打撃は大きく、経営状況が著しく悪化した。これに加えて、深刻な後継者不足もあり、農業の生き残り策が検討された。その結果、収益性の高い園芸作物の導入による経営の複合化が急務となり、一部の大規模稲作農家で長ネギやキャベツなどの露地栽培を始めた。

また、農産物の価格低下や輸入増加に対応すべく、自分たちが作った農産物に付加価値を付けようという動きも出始めた。そのためには消費者のニーズを知ることが重要であると考え、生産者はこれまでのようにただ米や野菜を作るだけではなく、消費者と直接交流しようと考え始めたのである。

## 二　稲作中心の農業から農産物の直売へ

農業の転換が迫られる中、廃校になった長沼第四小学校の跡地を利用して、規格外の野菜を販売したいという声が地元の生産者からあがってきた。その声に応えて、「旧長沼小学校跡地利用運営委員会」を組織し、二年間の検討期間を経て、一九九三年に週末のみの営業の「ながぬま特産物直売所」がオープンした。翌一九九四年には「さわやかトイレ」を設置したことで、利用しやすい環境が整い、その存在が口コミで広がり、訪れる人が増加していった。

### 北海道を代表する直売所のマオイの丘公園直販所

これに合わせて、直売所をより多くの人が気軽に立ち寄れる場所とするため、道の駅の認定に向けた取り組みも始められた。そして、一九九七年四月、直売所を併設した道の駅「マオイの丘公園」としてオープンし、直売所の名称も「マオイの丘公園直販所」に変更された。

「マオイの丘公園直販所」には、「JAながぬま」と七つの生産者グループによる直販ブースがあり、小さな八百屋の集合体といった様相を呈している。

「JAながぬま」のブースには、長沼産の野菜などに加え、他の地域から仕入れた農産物も並んでいる。生産者グループは、野菜農家、水田農家、果樹農家、畜産農家などで構成され、それぞれが、その日に収穫した新鮮な野菜や果物などを販売している。一戸の農家で多様な作物を作るのは現実的には厳しく、土壌状況や労働力によって生産できる作物も限られてくる。しかしながら、経営形態の異なる農家が集まることで品目が増え、さまざまな消費者のニーズに対応することができている。

そして、消費者にとっては生産者と対面することで安心して購入できるというメリットがある。また、生産者も消費者と直に接することで、消費者が求めているものに気づくことができる。そのため、直売所としてスタートした当初は、規格外の野菜を中心に販売していたが、良質なものを適正な価格で販売することが望まれていると感じたことで、余剰野菜から質の高い野菜の販売へと変わっていった。

これらの生産者ブースの担い手は、農家の女性たちである。それぞれのブースでは、女性た

写真9—2　ＪＡながぬまや生産者グループで構成するマオイの丘公園直販所

ちが店先に立ち、採れたての野菜の味や調理方法などを笑顔で説明している。こうしたコミュニケーションを通じ、求められている野菜の種類など、消費者のニーズを肌で感じ取っている。そこから栽培する作物の種類を彼女たちが選定し、直売所に並べている。女性によるマーケティングによる商品構成と品質の高さが、「マオイの丘公園直販所」の人気を支えている。

### 増え続ける長沼町の直売所

長沼町には、「マオイの丘公園直販所」のほか、多くの直売所がある。その一つが「北長沼水郷公園農産物直売所」。「マオイの丘公園直販所」と同時期につくられた人気の高い直売所で、旧夕張川の河跡湖を含めた約二五ヘクタールもの広大な敷地の中、パークゴルフやカヌーなどが楽しめる「北長沼水郷公園」内にある。周辺農家からなる生産者グループによって運営されており、もちろん主役は農家の女性。開店準備中の直売所からは、前日の販売状況を確認しながら、「タマネギをあと一〇キログラム置こうよ」など、女性たちの元気な声が響いている。

こうした長沼町の直売所は、町への出入り口となる道の沿線や観光施設に併設されている。国道二七四号線から長沼の町へ向かう道道札幌夕張線三号線沿いには「西長沼ポケットパーク直売所」があり、町の北側には「北長沼水郷公園農産物直売所」と「夢きらら直売所」、南側の舞鶴スポーツ公園には「舞鶴スポーツ公園直売所」、隣町の南幌町へつながる道道長沼南幌線に近い場所にも「マオイ遊来らんど直売所」がある。「マオイの丘公園直販所」を含めたこの六カ所の直売所は、いずれも長沼町が生産者グループに場所を提供している公設の直売所である。六カ所の売上額は、年間四億五〇〇〇万円以上になっている。

公設の直売所の生産者グループは、「長沼町農産物直売所出店団体連絡協議会」を組織し、共同でＰＲ用のチラシを作成したり、九月の収穫祭や一一月の感謝祭を連携して実施している。そのほか、接遇研修や他の地域の直売所の視察などを行い、質の高いサービスを提供する経営的な努力も行われている。

こうした公設の直売所のほかに、長沼町内には農家が個人単位で運営している直売所も多数ある。それらを合わせると二〇カ所以上になり、それぞれに温泉やレジャー帰りの客で賑わい

図9—2　長沼町の直売所マップ

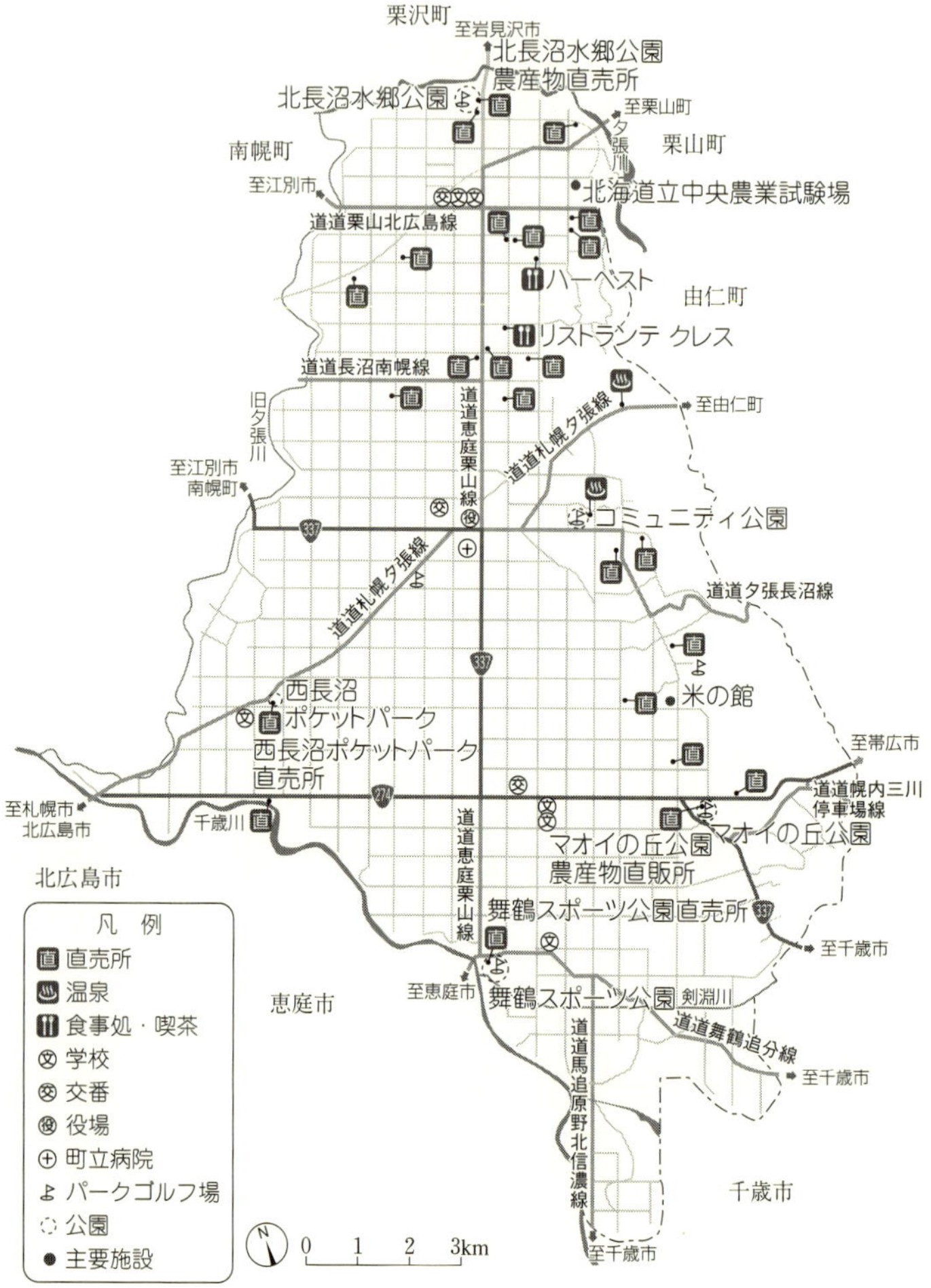


資料：長沼町観光協会「長沼町マップ」

をみせている。現在もこうした直売所は増えており、テレビや雑誌で紹介されるたびに、長沼町や観光協会に問い合わせがくるようだが、長沼町や観光協会の職員も把握できないほど、直売所が増えており、今や長沼町は北海道を代表する直売所銀座になっている。

## 三　直売所から農産加工や農家レストランへ

マオイの丘公園直販所をはじめとした公設の直売所や道の駅内にある売店では、「未楽瑠《みらくる》加工グループ」や「ゆめの郷」といった農家や地元の主婦グループによる、手造りみそや漬け物などの加工品も販売されている。また、「グループ手結び」は、季節の漬物を「きたながてづくり漬物村」という独自の店舗などで販売している。長沼町では、こうした農家の女性が中心となってつくる農産加工品が数多く売り出されている。

### 農家の女性を中心とした農産加工品

「未楽瑠加工グループ」は、農家の女性八人が集まり、一九九六年に活動を開始した。消費者に安心して食べてもらえるように、自分たちが作った農産物を原料に味噌や漬物などを作り販売している。特に漬物は、農薬を使わずに生産している野菜を原料に作っている。

当初は味の均一化が図れず、安定した商品づくりができなかったために損失も発生した。加えて、販売の経験がないため、いかにして販売先を確保するかなど、すべてが手探りからのスタートであった。しかしながら、メンバーで何度も話し合いを重ね、漬け方を全てノートに記していくなど、自分たちで研究を進めていくうちに、秘伝のタレに行きついた。そのこだわりが美味しさにつながった。

地元で販売しているうちに評判となり、口コミで人気が広がり、マスコミにも取り上げられるほどになった。二〇〇〇年には「北海道農業元気づくり事業」の補助を受け、専用の加工施設を建設。当初は賃金も出ない状況だったが、札幌の大型店に自ら出向いて販売したり、通信販売なども行い、現在はビジネスとして成り立っている。メンバーは、早朝から畑作業にとりかかり、家事もこなした上で漬物づくりを進めてきた。こうして頑張ってこられたのは、自分たちが作る漬け物を楽しみに待っていてくれる消費者がいることを体感できたからだという。消費者との交流が、新しい産業を生み出す原動力になっている。

**長沼町の農家レストラン**

長沼町では、農産加工品の製造・販売に合わせて、地元の農畜産物を提供する農家レストランやカフェも登場している。

タウン誌や旅行雑誌でも取り上げられている「リストランテクレス」や「田園レストラン里日和」、ログハウス風の農家レストラン「ハーベスト」などがその代表である。

畑を見渡す小高い丘に建つ「リストランテクレス」は、二〇〇〇年の秋にオープンした。「長沼の新鮮野菜と自家栽培のハーブ」をコンセプトに、町内の農家から取り寄せた無農薬野菜やハーブを使ったパスタなどをバイキング方式で楽しめるのだが、オープン当初はそのコンセプトがメニューに十分反映されていなかった。

写真9—3　人気の高い農家レストラン「リストランテクレス」

野菜は前菜などに少量しか使われていなかったため、長沼産の新鮮野菜を期待して訪れた人との食い違いが生じた。その後、野菜をふんだんに使った料理がずらりと並ぶバイキング形式に変えたことで、客の満足度が上がった。このことで一気に人気が高まり、現在は女性を中心に多くの人が足を運んでいる。休日は八〇台の駐車場がいっぱいになり、六五席もあるテーブルの空きを待つことも珍しくない。

また、果樹農家が経営する「ハーベスト」は、自家農園で採れた果物や野菜を使った料理を提供している。農家レストランならではのアットホームな雰囲気と温かいもてなしが好評で、こちらも人気が高く、札幌からドライブがてら訪れる女性グループや道外からの観光客で賑わっている。ゴールデンウィークや夏場になると、一時間以上待たなくては入れないこともある。

最近は、長沼産のそば粉を使った手打ちそばの店「農家の食堂あぐり」や、長沼町に移住してきた人が経営する「風楽里」や「クーズカフェ」などのカフェもオープンしている。カフェでは、料理方法のほか、使用した野菜を販売している直売所の場所まで教えてくれるので、訪れた人は食後に直売所へ足を運んでいる。いずれも長沼産の農畜産物を「料理」という形で提供することで付加価値を付け、長沼町の農業を新たな形でPRしている。

## 四　農業を基軸に新たな地域産業の創出

農産物直売所によって消費者と顔の見える関係を作り、味噌や漬物などの農産加工品や飲食店で扱う農産物に付加価値を付けてきたことに加え、長沼ではグリーンツーリズムが新たな地域産業として動き出している。

### グリーンツーリズムの取り組み

二〇〇三年に、長沼町農政課とＪＡながぬまの職員が長沼町の農業活性化のために研究会を設置したことをきっかけに、グリーンツーリズムが動きだした。二〇〇四年に「長沼町グリーンツーリズム特区」の認定を受け、農家の住宅でも気軽に宿泊客を受け入れられるようになった。これを契機に、一一二戸の農家が集まり「長沼町グリーンツーリズム運営協議会」を設立。「地域にある資源を、地域の人びと自らの創意工夫で保全し、継承し、新しく開発し、それらを多くの人びとに提供する」ことを目指し、都市住民や修学旅行生を対象とした「農家民宿事業」と、食育を兼ねた農作業体験や農産加工体験による「都市との共生・対流事業」を核としたグリーンツーリズム事業を展開している。二〇〇九年三月現在、会員農家二〇三戸のうち一五七戸が旅館業法の許可を受けている。

長沼町では、北海道の主な農作物のほとんどを生産していることから、長い期間にわたって種蒔きや収穫などの農業体験ができる。また、町の野菜加工センターでの味噌作りや豆腐作りといった、農産物の加工体験プログラムも用意されているほか、最近では地元の素人手打ちそばの有段者が組織する「馬追手打ちそばの会」の協力によって、本格的なそば打ち体験も可能になっている。

こうした体験プログラムの充実もあり、平成二〇年度は日帰り農業体験で札幌圏の中学校六校八二七人、農家民宿では関西・関東方面を中心に四〇〇〇人を超える修学旅行生が訪れている。平成二一年度も一三校の受け入れが予定されている。

長沼町のグリーンツーリズムは、受入農家による「運営協議会」と側面から支援する「推進協議会」によって推進されている。農家によって組織されている「運営協議会」は、事業体制の整備や地域間の事業調整、農家体験・農家民宿のメニューの設定、受入れ研修や先進地視察の実施、事業のPRを行っている。

「推進協議会」は、長沼町や長沼町教育委員会、JAながぬま、農業改良普及センター、長沼町商工会、長沼町観光協会によって構成されており、情報収集や支援事業、受入れ農業者の募集登録など事業の立ち上げやPR、支援を行っている。

このように、長沼町のグリーンツーリズムは、農家の連携はもちろん、長沼町やJAながぬま、町内関係機関の連携により強力な推進体制が整えられた、町をあげての事業となっている。ゆえに多くの来訪者を受け入れることで、滞在中に消費する食品や地元の加工品等の売り上げ、宿泊に伴う寝具・衣類、土産品、温泉や観光施設の利用料などといった形で、経済効果を町全体にもたらしているのである。

## 長沼ブランドに向けた、豊かな景観づくり

長沼町は、直売所から始まり農産加工品の製造・販売、農家レストラン、そしてグリーンツーリズムと、農業を基軸にして地域産業の活性化を進めてきた。そして今、これまでの取り組みを基礎に、長沼のブランド化を始めている。

その一つが景観づくりである。長沼町は、二〇〇七年八月に景観法に基づく景観行政団体となり、「『いただきます』暮らしがつくる長沼の豊かな風景〜一人ひとりの取り組みが長沼ブランドを育てる」をテーマに景観の形成を進めている。

長沼町は、植民区画と呼ばれる碁盤の目のように区画された農地と縦横に配置された防風林に、点在する農家と屋敷林がアクセントなり、美しい田園風景を創り出している。こうした美しい田園風景を背景に、長沼町の良質な農産物や加工品、さらには長沼での暮らし、町民の活動などすべてが、町外の人びとを惹きつける魅力でもあると考え、それらすべてを「長沼ブランド」と位置づけている。

農業が基幹産業でそれをブランド化する場合には、単なる農産物や加工品だけを売りだしても強力なブランドにはなりえない。農産物や農産加工品を生み出している美しい田園風景、そこに住む人びとの暮らしや文化までがブランドを創る要素なのである。それらを商品と一緒に発信していくことがブランド化には大切である。だからこそ、ブランド創りを目指す長沼町の

景観づくりのテーマが「『いただきます』暮らしがつくる長沼の豊かな風景」なのである。

## 五　直売所から始まる地域産業

長沼町の取り組みを見て感じるのは、農業が様々な連携によって地域産業に発展していることである。生産者は、直売所ができるまでは主に農協を経由して出荷していたため、消費者の声を直に聞く機会がなく、消費者のニーズを把握するという意識も希薄だった。しかし、直売所を通じて消費者との交流が深まったことで、生産者は消費者が求めているものを理解する必要性を実感し、曲がったキュウリであっても品質が良ければ購入してもらえることも知った。そこから、本当に消費者が求めているものを作ろうという発想が生まれ、地元の農産物を原料とした漬物や味噌に代表される農産加工品の製造・販売につながっていった。

### 直売所は農業を地域産業に発展させるインフラ

また、消費者とのコミュニケーションを通じて、長沼町の田園風景が都会の人にやすらぎを与えることも感じ、美しい田園風景と共に「食」を提供する農家レストランという展開も生み出した。そして、農業そのものを資源と捉えることで、グリーンツーリズムへと発展していっ

図9—3　長沼町の直売所から始まった農業を基軸とした地域産業

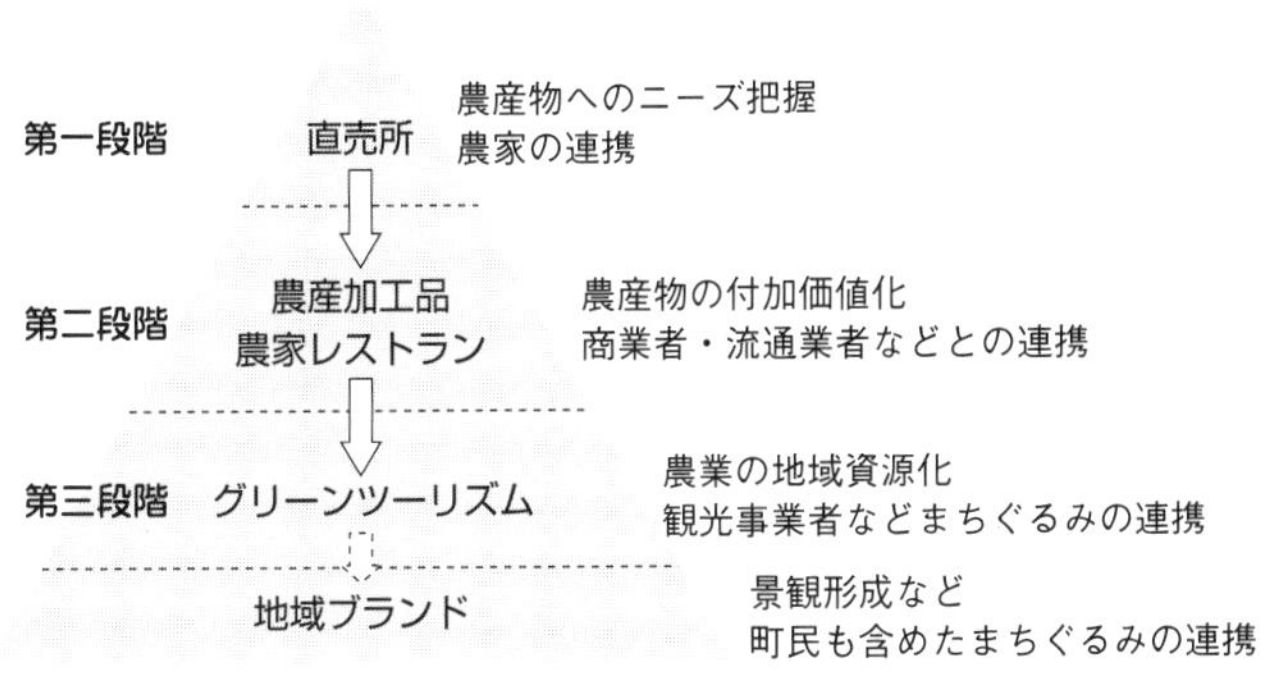


たのである。すなわち、消費者のニーズを知るきっかけとなった直売所を第一段階とすると、第二段階は、ニーズに応えながら農産物に付加価値を付けた加工品や農家レストランであり、第三段階は、農産物だけではなくそれを生産する現場の魅力を伝えるグリーンツーリズムといえる。

この展開は、農家同士の連携から、加工業者や流通業者、飲食店経営者との連携、観光や物販など町ぐるみの連携へという広がりでもある。直売所から農産加工品、レストラン、宿泊と多角的に経営する農家もあるが、いずれにせよ、直売所がきっかけとなり、多くの人が訪れることで、それまでにはなかった市場が形成され、地域内の連携により地域産業へ発展している。

そして、直売所から地域の農業を発展させるのは、農家などの地域の女性たちである。直売所に直接立つ女性たちのきめ細かいサービスとマーケティングの力が重要なのである。

こうしてみると直売所は、農業を主産業とする地域活性化の推進役であり、地域産業のインフラとも言えるのではないだろうか。

## 農業を基軸とした地域産業創出のチャンス

直売所から始まった長沼町の展開の背景には、消費地札幌から車で一時間弱、新千歳空港から三〇分という地の利があったことは確かであり、それゆえに直売所に多くの人が訪れ、消費者と顔の見える関係が作りやすかったことは言うまでもない。その一方で、農業の生き残りをかけ、作物の転換を図り、直売所をはじめ、手探りで農産加工品をつくり、グリーンツーリズムのために宿泊体制を整えるなど農業を地域の基幹産業として定着させた生産者や長沼町、JAながぬまなど、多くの人たちの努力があったことも忘れてはならない。

近年、ドライブ観光が増えている北海道では、農産物の直売所や地元の食材を使ったレストランを備えた道の駅が増え、人気を博している。このことを考えると大きな消費地から離れている地域であっても、農業を基軸にすることで新たな地域産業創出の可能性を感じる。

長沼町のように、消費者と接することでニーズを深く探り、そのニーズから農家と加工業者や商業者、流通業者などと連携しながら、それぞれの場所に合ったかたちで農業の展開を模索することが求められているのだろう。
「地産地消」や「食育」などが言われ、農業に対して関心が高まっているなか、農業を基幹産業とする地域は、直売所などによって消費者ニーズを直接知ることにより、農業を基軸とした地域産業を創出するチャンスが生まれてきたのではないだろうか。

【参考資料】
- 長沼町ホームページ（http://www.maoi-net.jp）
- 長沼町水田農業推進協議会『長沼町水田農業ビジョン』平成一六年度策定・平成一九年度変更
- （財）北海道開発協会『開発こうほう　二〇〇三・三』
- 「クレス」ホームページ（http://www.restaurant-cress.com）
- 「ハーベスト」ホームページ（http://www.n-harvest.net）
- 北海道開発局ホームページ『わが村は美しく～北海道』運動（http://www.hkd.mlit.go.jp/zigyoka/z_nogyo/wagamura/contest/02/area/2t_09/index.html）

# 第Ⅲ部

# ＪＡ系「直売所」の展開

# 第10章　岩手県花巻市／農協経営の本格的直売所の展開

## ――全国の先駆けになった「母ちゃんハウスだぁすこ」

関　満博

一九七〇年代の中頃から、全国に小規模な農産物直売所が始まりだしたとされているが、一九九六年頃までは、農協組織が直売所を計画的に進める動きは少なかった。[1]田中満氏によると、[2]それまでの直売所は「農業改良普及所が農家女性の活性化のために直売所づくりを勧める、町村役場が支援して農村地域活性化のために直売所を開設する、村おこし活動や集落活性化活動で直売所を立ち上げる、農協婦人部活動で直売所を始めるといった活動が中心で、現在の実態からみれば規模は小さかった……。農協組織は……直売活動は自らの系統流通を妨げる活動であるという認識が強かったようで、この活動にはむしろ批判的であった」とされている。

また「農協の経営する直売所で最初の成功例とみられるのは昭和五八（一九八三）年開設の埼玉県『ＪＡ花園農産物直売所』でしょうが、農協中央が組織として農産物直売所活動を認めたのは、恐らく平成九（一九九七）年に開設されたＪＡいわて花巻の『母ちゃんハウスだぁすこ』の成功をみてからでしょう。その後、農協は組織的に直売所活動に乗り出し、独自にファーマーズマーケットという考え方を確立し、平成一〇（一九九八）年以降は農協が設立する規模の大きな店が増えています」としている。

岩手県花巻市に展開する「母ちゃんハウスだぁすこ」は、ＪＡ系の本格的な農産物直売所としては先駆的なものであり、二〇〇〇年代の初めの頃は、全国のＪＡ組織の視察ラッシュであったとされているのである。

## 一　先行して小さな直売所を設置

全国的に農協の合併が進められており、岩手県はかなり大型のＪＡが誕生している。岩手県北は、岩手県の中心部である滝沢村から北部全体が「ＪＡ新いわて」となり、花巻周辺は東西に秋田県境の西和賀町から三陸の釜石までの広大な範囲をカバーする「ＪＡいわて花巻」となった。花巻のあたりは、かつては「ＪＡ花巻市」と称して旧花巻市をカバーしていたのだが、一九九八年には一市三町のＪＡが合併し「ＪＡいわて花巻」となり、さらに、二〇〇八年五月には西和賀、北上、遠野のＪＡを吸収合併し、現在の「ＪＡいわて花巻」となっていった。

「花巻」の名称が残っていることからしても、かつてのＪＡ花巻市主導のＪＡ大合併であったことがうかがえる。実際、旧ＪＡ花巻市の経営状況は良かったのに対し、周辺の大半のＪＡは債務超過に陥っていたとされている。歴代のＪＡ花巻市の幹部の指導力が優れていたことが

写真10—1　すぎの樹の外観

指摘されている。

農産物直売所の「母ちゃんハウスだぁすこ」は一九九七年九月にスタートしているが、それより少し前の一九九六年八月に、小規模な農産物直売所である「すぎの樹」が花巻市郊外のＪＡ経営の園芸センターの近くに設置されていることも興味深い。従来、その周辺のＪＡ花巻市女性部の加工グループの活動が活発であり、Ａコープの店先で時々朝市などをやっていたことが知られる。このメンバーからＪＡ花巻市に対して、直売所の設立要請があり、一九九五年度の日本中央競馬会振興事業（畜産営農環境等緊急対策事業）の補助金を得て、約二八〇平方メートルの小規模な農産物直売所「すぎの樹」がスタートしている。

出荷者の会である「すぎの樹会」のメンバーは約一〇〇名、りんご農家が多いとされていた。メンバーはＪＡいわて花巻の組合員であり、年会費八〇〇〇円、手数料一五%で運営されていた。一名あたりコンテナ一個とされ、空いているスペースに自由に入れていた。八時三〇分から入荷受け入れ、開店は九時、閉店は四時三〇分であった。専任のスタッフ二人に加え、出荷

写真10―2　すぎの樹の売場

者が補助的なサッカーという役で午前中三人、午後二人のローテーションで対応していた。

出荷者は近くの農家の女性が大半であり、だぁすこにも出している人も少なくない。後に見るだぁすこより一年早くスタートしているが、現在ではむしろ、だぁすこの支所的な機能になっていた。仕入品などはだぁすこ経由であった。

## 二　大規模農産物直売所の展開

このような経験を重ねながら、経営状態の良かったJA花巻市は、現在地にJAの諸機能を集約する「グリーンメッセ構想」を抱いており、すでに、一九九五年八月にはワーキンググループを設置して、検討を開始している。また、一

写真10—3　施設全体の配置図

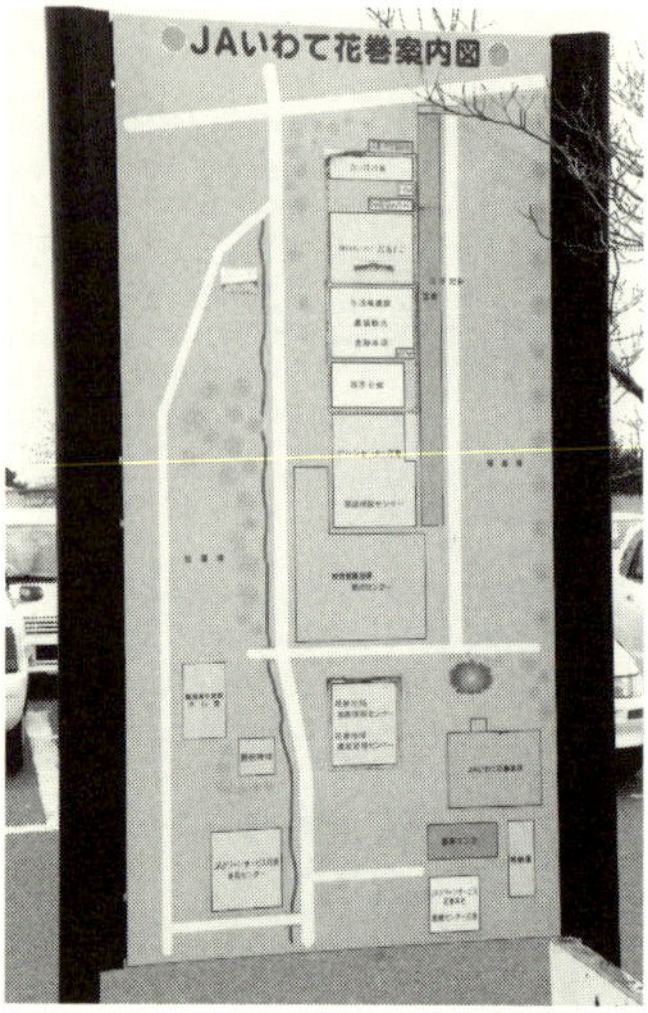


九九六年には女性部からの要望を受けて、大規模な「農産物直売所」を設置することを意思決定している。一九九七年二月には理事会で「ファーマーズマーケット事業化計画」を承認、同時に出荷者の募集、そして、四月には着工に入った。

一九九七年六月には、施設建設工事が完了している。この時には、基本的な構成要素である「店舗」「食堂」「交流室」「クラフト館」「バックヤード」が完成している。その後、二〇〇一年には増設工事もあり、現在の施設面積は一〇六八平方メートル（売場面積五五八平方メートル）となっていった。

なお、このエリアは直売所ばかりではなく、四万五〇〇〇平方メートルの敷地の中に、ＪＡいわて花巻の本店、営農拠点センター、グリーンセンター、農機センター、旅行センターなどの関連施設が拠点的に集約されている。駐車場だけでも約五〇〇台駐車可能なスペースを保有し、大型観光バス専用の駐車スペースも用意されている。なお、ＪＡいわて花巻は、全職員数約一〇〇〇人、旧ＪＡ花巻市の分だけでも四〇〇人を抱える大型組織なのである。

農産物直売所「だぁすこ」の建設等の事業費は一億八〇〇〇〇万円、補助事業を利用しない自前の事業として展開されたことも注目される。

場所は、JR東北本線花巻駅からクルマで約一〇分、東北自動車道花巻南インターチェンジから三キロ（約五分）、また花巻温泉にも近く、花巻市民ばかりではなく、温泉観光客が立ち寄る施設としても興味深い。年々、来客数は増え、二〇〇七年度は五〇万九〇〇〇人を数えた。そのうちの二〇％弱は観光客とされ、土日の午前中は温泉帰りの人びとで大混雑とされていた。来客数は平日一〇〇〇人前後、土日祭日一五〇〇人前後であり、イベントの行われる日は三〇〇〇人を超える。さらに、観光客以外の来客は、近隣市町村の住民と小規模飲食店とされていた。住民は週に二〜三回の来店のようだが、特に、小規模飲食店は毎日仕入れにやってくることも興味深い。

写真10—4　母ちゃんハウスだぁすこ

二〇〇七年の売上額は七億七二六六千万円を計上している。内訳は生産者委託品五六％、ファーマーズマーケット提携などで提携している地方のJA（約二〇カ所）からの仕入品四四％とされていた。

## 三　「母ちゃんハウスだぁすこ」の仕組み

「母ちゃんハウスだぁすこ」の場合は、大規模なＪＡ系農産物直売所という事情から、他の女性達による小規模な直売所とはかなり仕組みが異なっている。ここでは、運営、販売方式、出荷者の特徴から接近していくことにする。

### 運営と販売方式

この直売所事業の運営主体はＪＡいわて花巻であり、担当部署は営農生活部地域活性課とされている。従業員はＪＡの正職員が三人（うち二人は男性）、臨時職員二人、パートタイマー・アルバイト二一人から編成されていた。パートタイマーの半数ほどはローテーションでレストラン事業に従事している。なお、レストラン事業は、当初はＪＡ女性部がやっていたのだが、現在ではＪＡのスタッフとパートタイマーで対応している。

定休日は年始（一月一日〜四日）のみ。営業日数は三六一日となる。開店は九時、閉店は一八時（一二月から二月は五時）。出荷者の持ち込みは七時三〇分から。一日に四回ほどメールで情報を提供して再出荷を促しているが、一四時頃までに九〇％は売れてしまう。二〇〇五年六月からメール情報提供を開始しているが、一部の人は積極的に対応してくるが、大半の人は朝の一回のみか、せいぜい二回のようである。

価格設定の参考のために市況情報を掲示してあるが、価格は出荷者自身の判断による。手数料は一五％、シール代は一枚一円とされていた。シールの発行はだぁすこで行っている。また、残り物の持ち帰りは一七時三〇分からとされていた。なお、この「当日、持ち帰り」のスタイルであることから、出荷者の地域的な範囲が限定されているのである。

写真10—5　母ちゃんハウスだぁすこのレストラン

**出荷者の特徴**

当初、だぁすこはＪＡ花巻市の組合員を対象にスタートしている。その後、ＪＡ合併が進められ、組合員は西和賀から釜石にまで拡がった。だが、花巻以外の地域の生産者では持ち帰りがたいへんになる。そのため、当日持ち帰りが義務づけられていない一部の加工品を生産する組合員は、遠方から出荷することも可能だが、野菜は難しい。ＪＡの広域合併はしたものの、だぁすこへの出荷者はほとんど旧ＪＡ花巻市の

写真10—6　高齢の客が多い

メンバーなのである。

一九九七年の開業時の出荷者は一三〇名であったのだが、現在では三〇〇名に増加している。ＪＡいわて花巻の組合員であることが基本的な条件であり、任意の「母ちゃんハウスだぁすこの会」の会員になる。年会費は八〇〇〇円。会員は個人が大半だが、加工グループなどの団体が三～四ほどある。会員は農協の預金口座を取得し、売上は毎月一五日と末日締めとなり、翌日に振り込まれる。

預金口座からすると会員の大半は女性であった。「だぁすこの会」の会員は三〇〇名、先の「すぎの樹の会」の会員は一〇〇名、両方に加入している人も散見される。

また、だぁすこの会の会員三〇〇名のうち、いつも出荷してくる人は二〇〇名ほど、平均年齢はかなり高く、八〇歳の夫婦もいる。全て持ち込みのスタイルをとっていた。大半の出荷者はだぁすこへの出荷を中心にしていることももう一つの特徴であろう。

出荷者一名あたりの売上額は総売上額の七億七〇〇〇万円を三〇〇名で割ると二五六万円になる。ただし、生産者委託品の売上額は四億三〇〇〇万ほどであり、それを三〇〇名で割ると一四四万円となり、手数料の一五%を引くと一二〇万円強ということになる。また、常時出荷者の二〇〇名で割ると、名目で二一五万円、手数料を引くと一八三万円ということになろう。また、年間売上額一〇〇〇万円を超える人も数名いるとされていた。その場合は、惣菜、団子類等の加工品を出荷している。野菜だけでは五〇〇万円を超えることは難しい。農産物直売所は一名当たりの平均年間売上額一〇〇万円を目標にしている所が多いが、このだぁすこはかなりの成功を収めていると言って良さそうである。

## 四 大規模ＪＡ系農産物直売所の課題と可能性

ところで、「だぁすこ」とは郷土出身の偉人である宮沢賢治の書物の中から採られている言葉である。宮沢賢治が太鼓の音を模して「だぁすこ、だぁすこ」と記しているものを採用したとされていた。

### 出荷者と消費者のコミュニケーションの課題

直売所の場合は、トレーサビリティの徹底と、出荷されてくる品物の多様性が課題になるが、だぁすこの会は、毎年三月に総会を開催、その他、管内各地（一〇カ所）で各年二回ほどの懇談会を開催していた。ほぼ旧ＪＡ花巻市の範囲であった。懇談会ではトレーサビリティの徹底等を指導している。さらに、ＪＡ系の直売所の場合、物量は豊富だが、品物が系統流通に出てくるものとあまり変わらないという制約がある。直売所としての特色を出すためには、多様な野菜の出荷も期待される。そうしたことも、指導のポイントになりつつある。また、年に数回、保健所が入り残留農薬の検査などが行われている。

会費の八〇〇〇円については、出荷者用の帽子、バーコード入りのネームプレートの費用、さらに、近くの直売所（道の駅が多い）を視察に行くための費用とされていた。

また、運営はＪＡの職員が中心になりパートタイマーによって行われている。出荷者は消費者とのコミュニケーションの機会が少ないことになる。こうした点を回避するために、だぁすこの会のメンバー三〇〇名には、年に三回ほどの「当番」という役が回ってくるようにしてあった。平日は一人、土日祭日は二人が起用され、商品の並べ直しや消費者とのコミュニケーションをとるようにしていた。

私たちの訪問時に当番で立っていた六九歳の女性は、「私は当番が楽しみ、他の人が代わって欲しい時にはいつでも代わってあげている。珍しい野菜を出すとお客さんが喜んでくれて名前を覚えてくれる。そうすると、また新しい種類の野菜を作りたくなる」と語っていた。

大規模化し、生産者の顔が見えにくくなってきたＪＡ系の農産物直売所の場合、出荷者と消

写真10―7　福島のニラや高知のレモンが販売されている

費者とのコミュニケーションの方式として、このような「当番」の意義は極めて大きいと思う。

## 大規模化と温もりの間で

ＪＡ系の農産物直売所の場合、全国的なネットワークを形成している。これを「ファーマーズ提携」「ＪＡ間提携」と言っている。だぁすこの場合も全国二〇カ所ほどのＪＡ系農産物直売所やＪＡと、そうした関係を形成していた。遠くは、沖縄の「うまんちゅ市場」、愛媛の「いよっこら」、和歌山の「めっけもん市場」、長野の「あじーな」などのＪＡ系直売所であった。特に、冬季の長い東北岩手の場合、冬に品物が揃わないという悩みがある。例えば、沖縄や高知のＪＡからは冬でも野菜が入り、特に、沖縄からはマンゴー、パインなども届けられてくる。逆に、ＪＡいわて花巻からはりんごなどを送っている。

だぁすこの場合は、売上額の四四％が仕入品である。北の直売所の限界を補うものとして重要な役割を果たしているようであった。ただし、このような仕入品の場合は、買い取りの形であり価格も安くない。むしろ、「新鮮さ」が売りになっていた。そして、これらの仕入品はコーナーが別にされており、産地が明示されてあった。

これらネットワークを組んでいる各地のＪＡとは、人の交流も盛んに行われており、販促などで訪れることも少なくない。全国組織であるＪＡの強みとして興味深い。

農家の女性達の自主的な活動から開始されたとされる農産物直売所も、二〇〇〇年代に入ってからＪＡが本格的に参入するものになってきた。特に、ここで検討した「母ちゃんハウスだぁすこ」は全国的にみても、本格的に展開されたＪＡ系農産物直売所の先駆的、モデル的なものとして注目されてきた。

市街地に近く、住民にとってのスーパー的要素が強く、また、温泉（花巻温泉）も近いことから観光客も少なくない。さらに北方に位置するという枠組みの中で、全国ネットワークを効果的に利用していた。そのような意味で、母ちゃんハウスだぁすこは、事業的にはかなりの成功と言うことができそうである。また、出荷者が出荷するだけになりがちな大規模直売所の限界を突破するものとして、「当番制」をうまく導入していることも興味深いものであった。

手作りの温もりのある小規模な女性達による直売所と、大規模化に向かうJA系直売所の間に横たわる課題を解決しながら、新たな可能性を模索していくことを期待したい。特に、だぁすこは全国のJA系農産物直売所の先駆的、モデル的なものであり、常に問題解決と新たな可能性への挑戦が求められていることは言うまでもない。

(1) 農産物直売所の意義と現状については、(財)都市農山漁村交流活性化機構編『農産物直売所運営のてびき』農山村文化協会、二〇〇一年、同『農産物直売所発展のてびき』農山村文化協会、二〇〇五年、青木隆夫『成功事例に学ぶ農産物直売所』全国農業会議所、二〇〇五年、第1回長野県産直・直売サミット実行委員会編『産直・直売が拓く信州の農業』二〇〇六年、田中満『人気爆発農産物直売所』ごま書房、二〇〇七年、が有益である。

(2) 田中、前掲書、七八頁。

# 第11章　福岡市

## ／大都市圏の農産物直売所の展開
### ——激しい競争にさらされる「博多じょうもんさん」

山藤竜太郎

九州は北海道とともに、ＪＡ系の農産物直売所が盛んである。特に、福岡市周辺は広域合併し、大型化したＪＡが興味深い直売所を展開し、激しい競争を演じている。本章では、福岡市近郊の糸島地区のＪＡ糸島が設置した巨大な直売所「伊都菜彩《いとさいさい》」と、都市型農協であるＪＡ福岡市が展開している小規模サテライト型の直売所群の取り組みに注目していくことにしたい。

都市型農協のＪＡ福岡市は二〇〇五年から「博多じょうもんさん」ブランドで農産物直売所を展開しているが、隣のＪＡ糸島が二〇〇七年に開設した「伊都菜彩」という農産物直売所は日本最大級の規模に成長し、ＪＡ福岡市にとって大きなプレッシャーになっている。

福岡市という大消費地を中心に考えた場合、福岡市に基盤を置く立場から見れば「いかに福岡市の顧客に商品を供給するか」という視点になるが、近隣の糸島地区からすれば「いかに福岡市の顧客を呼び込むか」という視点になる。

農産物直売所が普及していく中で、青果店やスーパーなどの既存の流通との競争だけでなく、農産物直売所間の競争も発生しつつある。こうした問題を考える上でも、ＪＡ福岡市の取り組みは非常に興味深い。

## 一　隣町に日本最大級の農産物直売所

福岡市の西隣の糸島半島には、現在は前原市、志摩町、二丈町の一市二町が置かれている。それらは合併して二〇一〇年一月一日に糸島市になる予定であるが、糸島半島の一四農協と二連合会は全国に先駆けて一九六二年に広域合併を成し遂げ、糸島農業協同組合（ＪＡ糸島）として運営されている。

### 糸島ブランドの再発信

ＪＡ糸島が二〇〇七年三月に開設したばかりの農産物直売所の「伊都菜彩」は、二〇〇七年度の売上高が一八億七〇〇〇万円、二〇〇八年度には二八億二〇〇〇万円となり、日本最大級の規模を誇るまでになった。

ＪＡ糸島の管内では以前から朝市などが開催されており、現在でも前原市では九カ所、志摩町では四カ所、二丈町では三カ所の朝市・夕市直売所が展開されている。この朝市・夕市直売所は伝統的な直売所として支持者も多かったのだが、大消費地である福岡市の消費者をより多

写真11—1　伊都菜彩の入口

く呼び込むため、「糸島ブランドの再発信を行う」ことを目的として、伊都菜彩を開設するにあたり「ブランディング計画」が立案された[1]。そのブランディング計画の内容は左記の六項目であった[2]。

①「糸島産」であること、②生産者の誇り、③糸マークへの熱い思い、④糸島農協の歴史、⑤働く職員の愛着・誇り、⑥新しい「伊都菜彩」の発信。

**伊都菜彩の売場**

伊都菜彩は福岡市の中心部である天神地区から国道二〇二号バイパスで一八キロ、クルマで約三〇分の距離である。ＪＲ筑肥線の波多江駅からでも徒歩一三分と歩けない距離ではないが、四〇〇台収容の駐車場が用意され、自動車での利用を中心とした設計になっている。

伊都菜彩の建物は鉄骨造の平屋建てで、床面積二四四〇平方メートル、売場面積一二六八平方メートルと体育館のような広さであり、天井も非常に高い。店舗に入ると、平日の午後にもかかわらず大勢の客が訪れていた。平均すると平日でも二五〇〇人、休日になると四〇〇〇人もの来店客（レジ通過人数）がある。(3) また、自動車で訪問してまとめ買いをすることから、平均客単価も三〇〇〇円程度と農産物直売所としては非常に高い。福岡広域都市圏から広く集客している事情がうかがえる。

売場でまず目につくのは、新鮮な野菜とその調理法が書かれたＰＯＰである。調理法についてＰＯＰに書かれているだけでなく、キュウリの横には「キュウリの浅漬けの素」、ナスの横には「ナスの浅漬けの素」が置かれており、売上拡大の工夫と組み合わされている。

伊都菜彩の商品は野菜や花卉などの農産物が中心ではあるが、糸島牛のブランドで有名な畜産物や、玄界灘で獲れた新鮮な海産物など、幅広い商品を扱っている。伊都菜彩に出荷する生産者は現在約一一〇〇名、売れ行きに応じて一日に何回か納入する生産者もいる。

伊都菜彩の従業員はＪＡ糸島の正社員が四人、パートタイマーとアルバイト約一〇〇人となっている。ＪＡ糸島の直販課課長の小金丸肇氏が店長を兼ね、積極的な店舗運営を行っている。

図11—1　伊都菜彩の売上構成（2008年）

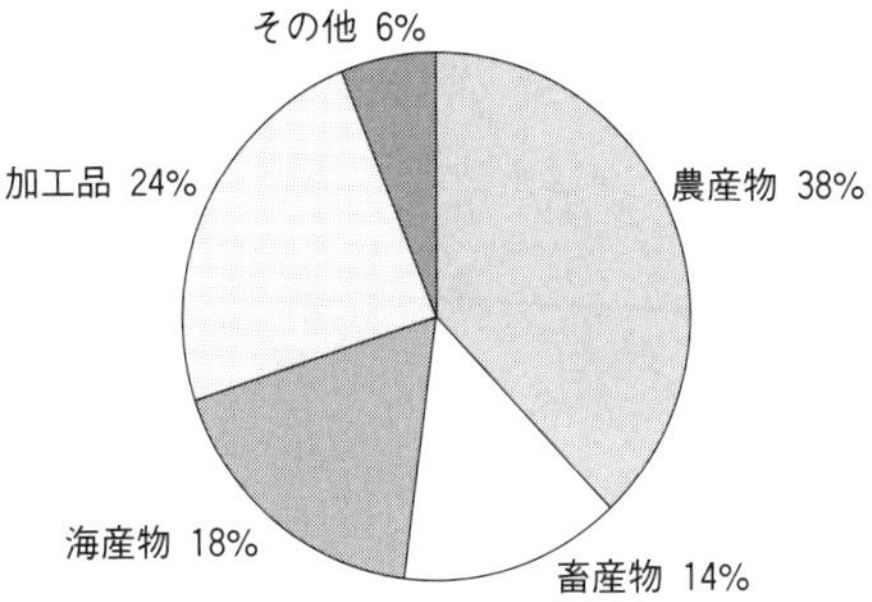


資料：糸島農業協同組合

このように、福岡市広域都市圏の近郊というべき糸島地区に設置された巨大な農産物直売所の「伊都菜彩」は、地域特性を受け止めた興味深い取り組みをみせているのであった。

## 二　農産物直売所の原型を維持する「ワッキー主基《すき》の里」

以上のような糸島地区の取り組みに対し、福岡市ではかなり早い時期から農産物直売所が設置され、先駆者として多くの取り組みを重ねてきた。その取り組みは九州における一つの典型を示すものであった。

### 中山間地域の農産物直売所

福岡市早良区の脇山地区で農産物直売所が開設されたのは、早くも一九八七年の七月のことであった(4)。福岡市農業政策課の提案によって「脇山の農林業を考える会」が一九八一年に発足し、その中から農協婦人部（現在の名称は女性部）を中心に農産物直売所を開設しようという機運が高まった。当初は「脇山主基の里直売所」という名称で、ＪＡ福岡市の脇山支店の近くの道路沿いの個人所有の土地にトタン小屋を建て、日曜日だけの朝市として開催された。

その後、一九九九年七月にはＪＡ福岡市の脇山支店の倉庫の一角に場所を移し、土日開催になった。さらに、二〇〇〇年から福岡県の中山間地域総合整備事業（実施期間二〇〇〇年～二〇〇四年）の対象となり、二〇〇二年四月に中山間地域活性化施設として「ワッキー主基の里」が完成した。脇山主基の里直売所はこの施設の中に移り、常設市として再出発することとなった。

この「ワッキー主基の里」はJA福岡市の脇山支店の一角に置かれている。「主基の里」という名称は、天皇陛下の即位の大礼の際に新穀を納める地域として、京都以東以北を「悠紀《ゆき》」、以南以西を「主基」と呼ぶことに由来している(5)。一九二八年一一月の昭和天皇の即位の大礼の際、「水がきれいで収穫が早いことと、風俗人情が純朴であること」という条件から、当時の早良郡脇山村が主基斉田に選ばれたのであった。

写真11—2　鶴田シヅ子さん

ワッキー主基の里の開設時から店長を務める鶴田シヅ子さんによれば、中山間地域の活性化を目的とする施設であるため、初めの頃は「野菜を売るところではない」と言われたこともあったが、現在は「どんどん売っていくしかない」という状態になっている。

出荷会員数は、脇山主基の里直売所の開設当初の頃の一九八八年には三八の個人と団体（部会）であったが、ワッキー主基の里の開設直前の二〇〇二年には六三の個人と団体になり、現在では約一二〇の個人と団体が参加している。販売要員も出荷会員による三名の当番制から、専門の店長制とした。

店の奥には農産物加工場があり、月に一回、第三月曜日の夜七時半から加工研究会が開催されている。二〇〇九年六月はウメやラッキョウなどの漬物の加工が取り上げられていた。農林水産省の支援事業で講師も訪れ、弁当のレシピ開発なども行われている。

農産物直売所、農産物加工場とともに「三点セット」を構成する農村レストランは、ワッキー主基の里そのものにはないが、協力関係にある農村レストランとして「そば処しいば」が存在している。福岡県と佐賀県を隔てる背振山の麓、ワッキー主基の里から四キロの場所で営業している。そばが主力商品になっているが、そばよりもうどんやラーメンが主体という地域性もあり、うどんも好評を得ている。

### グリーンツーリズムの拠点

二〇〇六年年度から二〇〇八年度まで福岡市農林水産局と早良区役所で行っていたグリーンツーリズムを、二〇〇九年度は脇山地区の地元主体で継続し、「子どもグリーンツーリズムinわきやま」と名付けて稲作コース、さつま芋コース、お茶コース、地球体験コースの四つのコースを運営している。

さらに、グリーンツーリズムと名付ける前から、幼稚園を対象としたさつま芋掘りを行っている。さつま芋掘りは二〇〇四年頃、幼稚園からJA福岡市に申し込みがあり、JA福岡市からワッキー主基の里に依頼が届いた。当初は七アールだけであったが、現在では合計三二アールでさつま芋を育てており、さつま芋掘りの参加者は年間一〇〇人程度となっている。

脇山地区は日本における茶の発祥の地としても知られている。臨済宗の開祖である栄西が中国の宋から茶を持ち帰り、背振山麓に植えたのが始まりと伝えられる。脇山地区は八女（八女市・筑紫市・八女郡各町村）や星野（八女郡星野村）と並び、福岡県を代表する茶の産地であったが、後継者がいないため一九九八年を最後に脇山地区では一時、茶の生産が行われなくなった。

そこで、農協の青年部とワッキー主基の里の会員が協力し、二〇〇一年から無農薬栽培で三〇アールの茶園を運営している。脇山地区の茶畑はヒノキに囲まれた山の中にあり、ヒノキの殺菌効果で無農薬栽培が可能だとされていた。二〇〇八年には約九〇〇キロ、二〇〇九年には約一〇〇〇キロと順調に生産量も増加している。茶の加工については、かつては脇山地区にも加工場があったが、現在は八女市の有限会社グリーンワールド八女に加工委託している。店長の鶴田さんによると、「紅茶にすると八女産より美味しい」とのことであった。

この脇山地区の場合は、直売所を起点にして、加工場、農村レストラン、グリーンツーリズム、伝統の茶の栽培という、地域活性化をめぐる興味深い取り組みを重ねているのであった。

## 三　ＪＡ福岡市の農産物直売所に関する戦略

福岡市農業協同組合（ＪＡ福岡市）は一九六二年に福岡市内の一九農協が合併して成立している。ＪＡ福岡市は二〇〇二年に販売事業基本方針を策定し、系統流通と直販事業の二本立てで農家の所得向上を目指している。都市型農協であるＪＡ福岡市の組合員は特産品のキャベツやイチゴなどを大規模に生産する専業農家と、小規模な兼業農家に二極化している。後者を支える女性、高齢者に収入とともに生きがい、楽しみ、体づくりを提供するために、農産物直売所にも力を入れる方針を初めて明確に打ち出した。全国のＪＡも二〇〇〇年に入ってから、直売所を本格的に展開する方針を打ち出したが、ＪＡ福岡市の取り組みも、それに沿うものであった。

### 博多じょうもんさん

二〇〇四年度から二〇〇六年度までの農業振興計画ではまず地域ブランド作りを目指し、二〇〇四年にはＪＡ福岡市販売事業取扱品の愛称を公募により「博多じょうもんさん」と決定、二〇〇五年にはロゴマークを作成した。「じょうもんさん」とは、「上質な」という商品の特性を表すとともに、ロゴマークにもなっている「美人」を表す博多弁である。

二〇〇五年三月には初の常設市である周船寺市場を開設、二〇〇六年は三月に二店舗目の常設市となる福重市場、四月には初のインショップである伊都市場を開設している。常設市とは、それまで日曜日などだけに開催されていた朝市・夕市に対し、毎日運営されているという意味であり、いわゆる農産物直売所である。一方のインショップとは、大手スーパーの野菜売場の一角に間借りした、農産物直売コーナーである。

二〇〇六年度には周船寺市場で年間一億〇九九三万円と売上高一億円を突破し、福重市場は三月オープンにもかかわらず年間売上高八二〇四万円、伊都市場も三二一九万円の売上高を記録した。この成功を基に、二〇〇七年度から二〇〇九年度までの農業振興計画では、常設市を六店舗、イン

**写真11—3　博多じょうもんさんのロゴマーク**

ショップを三店舗と、二〇〇六年度末のそれぞれ三倍に拡大する計画である。

二〇〇九年三月末で直販事業の会員数五二二名（青果会員四六九名、業者会員五三名）、二〇〇八年度の売上高四億一六九八万円となっている。[6] 会員一名あたりの売上高は約八〇万円、手数料一五%を引くと約六八万円となる。[7] 農業振興計画書の五アール規模の営農モデルの所得金額が八八万円とされており、目標まであと一歩に近づいている。

## ＪＡ福岡市における農産物直売所の位置づけ

ＪＡ福岡市が直接運営する農産物直売所よりも前から、各地域の取り組みとして朝市や夕市が行われていた。ただし、朝市や夕市は農協の敷地の一部で行われていることが多いため、消費者からすると朝市や夕市で購入した商品も、ＪＡ福岡市の農産物直売所で購入した商品も区別がつかず、販売責任という面から見ると問題があった。そのため、徐々に朝市や夕市からＪＡ福岡市が直接運営する農産物直売所へとシフトしていく方向を目指している。例えば、ＪＡ福岡市入部支店で毎週日曜日に開催されている「いるべ青空市」は二〇〇九年八月末で終了し、博多じょうもんさん入部市場に集約される予定である。

実際に出荷している会員からは「農産物直売所ができて良かった」と好評である。これまでは生産と消費をつなぐのは基本的に系統流通に限られ、小規模な農家では市場に出荷できないか、市場に出荷しても買いたたかれるという問題があった。しかし、農産物直売所ができたことで規格外の農作物でも出荷することができるようになり、「形が悪くてもお金になる」と農家に喜んでもらえている。消費者からも「新鮮さ、あたたかさ、ほっこり感」を評価されている。

一方で専業農家からは反発もある。「農協は何をやっているんだ」「どっちに力を入れているんだ」という声もあった。農業生産だけで生計を立てている人びとからすれば、楽しみで農業をやっている人たちが出荷する分、売上高が減少することになる。しかし、都市部から中山間地域までを抱えるJA福岡市とすれば、大規模な専業農家と小規模な兼業農家は共存していくほかないと考えている。

JA福岡市の経営陣も「農なくして農協なし」をキーワードにしている。都市型の農協の中には不動産経営など農業以外を基盤とするところもあるが、JA福岡市としては地産地消を追い風にして、農業を基盤に置き続けたいと考えているのであった。

## 四　サテライト型の農産物直売所

こうした事情を背景に、近年、JA福岡市は果敢に各地区で小規模なサテライト型の農産物直売所を設置している。

**周船寺市場**

博多じょうもんさん周船寺市場は、ＪＡ福岡市が直接運営する常設市としては初であり、二〇〇五年三月に開設された。ＪＲ筑肥線周船寺駅から徒歩二分という好立地にあり、ＪＡ福岡市周船寺支店の向かいに位置している。

周船寺市場の店長を二〇〇八年四月から務める鯉川弥壽則氏は、スーパーで約二〇年間勤務していた経験がある、流通業のプロフェッショナルである。スーパーとの一番の違いは、農産物直売所は農家から出荷される商品を前提とし、それを補う形で仕入品を仕入れることである。

営業時間は朝一〇時から夕方六時までだが、ピークの時間帯は昼前の一一時頃と、帰宅ラッシュの六時頃である。そのため、実際には営業時間を六時半頃まで延長することで対応している。また、近隣にはワンルームマンションが多く、単身者や夫婦と子ども一人といった世帯が多いため、一パックの容量を少なくしている。一応の最低ラインは一パック一〇〇円とされているが、場合によっては一〇〇円を下回る値付けの商品も存在する。

**福重市場**

福重にはＪＡ福岡市資材センターとともに、ＪＡ福岡市の指導部の拠点が置かれていた。しかし、機構改革で指導部の拠点も本店の中に移転したため、空いてしまう施設の有効利用として、博多じょうもんさん福重市場が二〇〇六年三月に開設された。

福重市場の店長を二〇〇七年四月から務める西野安夫氏は、もともとＪＡ福岡市の職員であった。支店長などを歴任し、六〇歳の定年後すぐに嘱託職員として福重市場の店長に就いた。勤務体系としては、定休日である月曜日プラスもう一日の週休二日であり、パートタイマー四人と交代で休暇を取っている。

**花畑市場**

博多じょうもんさん花畑市場は二〇〇七年七月に開設された。店長を務める山根純二氏もＪＡ福岡市の職員であったが、五八歳で選択定年によりＪＡ福岡市を離れ、三年間のＪＡ福岡市の代理店勤務を経て、二〇〇八年六月に花畑市場の店長に就いた。

花畑市場はＪＡ福岡市東グリーンセンターの管轄であり、出荷者は管内の会員七〇名（青果会員六四名、業者六名）であるが、実際に常時出荷するのは二〇名から三〇名である。生産者委託品はラベルシールに生産者の名前が書いてあり、特定の生産者の指名買いがある。「〇〇さんのトマトはないの?」と聞かれて、売り切れたと答えると、「明日も入るんでしょ?じゃあ、明日また来るわ」と言われることがしばしばある。他の生産者のトマトがあっても、どうしても気に入った生産者のトマトでないと買わないというのである。

生産者指名でなくても、生産者委託品の方が仕入品より先に売れる傾向がある。例えばトマトの場合、同じ一パックでも生産者委託品が二八〇円で、仕入品が一五〇円といった場合がある。これだけ価格の差があっても、美味しくて新鮮な生産者委託品が先に売れる。

### 入部市場

博多じょうもんさん市場入部市場は二〇〇八年一二月に開設されたばかりで、JA福岡市の中で最も新しい農産物直売所である。店長の本田勉氏は、JA福岡市で営農部門を中心にキャリアを積み、二〇〇四年三月の定年後は福岡市の第三セクターでミカン栽培の指導を五年間行い、二〇〇九年四月から入部市場の店長に就いた。

本田氏はJA福岡市の営農部門に在籍していた当時から、都市化が進む福岡市における農業の将来像として、「最後は農家が直売しないといけない」と考えていた。現在でも、朝の納入時や夕方の残品の引き取り時に生産者と意見を交換しつつ、生産者と消費者をつなぐ役割を果たすよう努めている。

## 五　ＪＡ福岡市の農産物直売所の今後

以上のように、隣のＪＡ糸島が運営する日本最大級の農産物直売所である伊都菜彩のプレッシャーを受けながらも、ＪＡ福岡市は受け身の姿勢になるのではなく、攻めの姿勢で積極的に農産物直売所を展開している。

周船寺市場、福重市場、花畑市場、入部市場の他にも、博多じょうもんさんは三つのインショップを展開している。大手スーパーの中に農協として農産物直売コーナーを設けることには当初は抵抗があったようだが、それはかつての農協的な発想であり、消費者との接点としてインショップ形式の拠点を設けることにした。また、出店先のジャスコもサティもイオングループであり、ＪＡ福岡市としてはイオングループとの関係構築を戦略的に行うことで、イチゴなどの相対取引につなげたいという狙いもある。

今後は、生産者と消費者の距離をいかに縮めるかが課題であろう。田中満氏は、(8)「生産者（農家）が店内でお客様と対話しているような直売所は、良い店が多いようです。『生産者は当番で月に一度はレジに立ち客と対話しよう』と、私は直売所の集まりで呼びかけています」と主張している。生産者と消費者の距離の近さは、ワッキー主基の里のような伝統的な農産物直売所の良さである。博多じょうもんさんの各常設市のパートタイマーは現状では出荷者とは関係ない方々であるが、小規模なサテライト型の良さを活かし、出荷者と消費者のコミュニケーションを深めていくような取り組みが求められている。

福岡広域都市圏では、ここに来て、直売所をめぐり興味深い競争の局面が発生している。近郊の糸島地区では集客力に優れる巨大なＪＡ系直売所が拡がりを示し、他方、福岡市では小規模サテライト型のＪＡ系直売所が展開している。それは直売所をめぐる新たな発展段階といえるかもしれない。だが、その場合においても、直売所は生産者と消費者の「出会いの場」であることが求められている。福岡広域都市圏は、直売所の「未来」に新たな要素を付け加えようとしているのであった。

（1）地域ブランドについては、関満博・日本都市センター編『新「地域」ブランド戦略』日経広告研究所、二〇〇七年、を参照されたい。
（2）糸島農業協同組合『ＪＡ糸島産直市場伊都菜彩』二〇〇七年。
（3）『宮崎日日新聞』二〇〇九年二月二日。
（4）椿真一・佐藤加寿子・張徳氣・村田武「中山間地域農業の現状と農村活性化——福岡市を事例として」（『九州農学芸誌』第五七巻二号、二〇〇三年）二三七〜二四五頁。
（5）名前の由来については、「ワッキー主基の里」（http://www.wakky.net/）を参照されたい。
（6）福岡市農業協同組合『第四七回通常総代会資料』二〇〇九年。

（7）売上額の中には生産者委託品以外の仕入品がある一方で、会員の中には常時出荷はしていない生産者も存在するため、正確な出荷者一名あたりの売上額は不明である。
（8）田中満『人気爆発農産物直売所』ごま書房、二〇〇七年、五七頁。

# 終章　農産物直売所の未来

松永桂子

日本が飽食の時代を迎えて久しい。

戦後日本の農業は食糧増産をスローガンに始まったが、国民の食生活の変化、食料の輸入自由化、減反政策、耕地面積と農業従事者の減少などにより、農業を取り巻く環境は大きく変化した。農地はピーク時には六〇〇万ヘクタール存在したが、現在は四六〇万ヘクタール、耕作放棄地はその一割弱にまで及んでいる。さらに、食料自給率はカロリー換算で四〇％まで落ち、世界二百カ国の中で一三〇番目になるという。飽食の時代の中で、耕作放棄地が増える一方で、食料自給率は低迷するといった矛盾を引き起こしている。

さらに、ここ数年に相次いだ食品の偽装事件や汚染事件により、食品の信頼性は失墜し、国民は「食」の「安心、安全」に対して敏感な反応を示すようになった。揺らぐ農政に対する不信感も強まりつつある。

だが一方で、私たちは農業や食糧問題に目を向けることにより、農業の本来のあるべき姿を再考するようにもなった。身近な「食」から、日本の農業の将来を考えるようになった。

なかでも、生産者の顔が見える「農産物直売所」は、問題に揺れる農業の世界に、新たな希望を導く存在となりつつある。

系統流通に乗らなかった少量の農作物が商品価値を持つようになり、生産者と消費者が直接にコミュニケーションをとることを可能にした。沈んでいたとされる農山村や中山間地域では農産物直売所が起点となり、新たな地域活性化のスタイルを構築しつつある。

農産物直売所は、今まで隔たりがあった「生産者と消費者」「都市と農村、中山間地域」が出会う場なのであろう。ここから、日本の農業、地域は変わるのかもしれない。

## 一　新しい地域活性化の基本形

農産物直売所の歴史はまだ浅く、一九八〇年前後が始まりとされている。農村の活性化を目的として、女性グループや集落の農家が手作りのほったて小屋ひとつからスタートさせたケースが多くみられる。

一九九〇年代に入り、次第に農村活性化に効果があることが認識されはじめ、農協や行政も直売所に目を付けるようになった。当初、農村女性の「小さな活動」にすぎなかった直売所は、周囲の予想に反し、いつの間にか地域の中で際立つ存在となっていたのである。やがて行政は直売所の設置に際し、建物に補助金を付けるなどの動きに出始めた。また、行政自らが出荷者の協議会を組織し、運営の舵取りをするまでになった。農協も女性部などが主体となって直売所活動に参入していく。(1)

こうして、直売所の設立ラッシュは一九九〇年代半ばから現在まで続き、今や一万三〇〇〇件ほどとなった。低迷する日本経済のなかで、唯一、新規開業が相次ぐ分野であろう。

直売所の平均規模は、出荷者一〇〇名、市場の範囲は一時間圏内、人口規模一万人、年間売上目標は一億円程度とされる。全国の農産物直売所の数を一万三〇〇〇件とみると、一件平均出荷者は一〇〇名に近いと見て、今では少なくとも一〇〇万人の農業者が直売所活動に参加し、市場規模は一兆円に近付きつつあると考えられる。

二〇〇八年における全国の総農家数は二五二万戸(『農林業センサス』)なので、半数近くの農家が直売所に出荷しているということになろう。ちなみに、二〇〇七年の野菜の総産出額は二兆〇四八九億円(『生産農業所得統計』)であり、それと比べると直売所の市場規模はかなりのものと見ることができる。

本書で取り上げた全国一一カ所の農産物直売所は、限られた事例ではあるが、運営スタイル、規模の大小、地域性をまんべんなく網羅している点で、全国直売所の縮図ともいえる。直売所のタイプは、本書で三つに大別したように、自主的に立ち上がってきた「自立型」、市町村、

**表終—1　農産物直売所の類型**

| 大　別 | 主体による細分化 | 特　　徴 |
|---|---|---|
| **自立型** | 女性自主<br>地域農家主体 | • 生活改善グループが母体のことが多い。<br>• 集落や自治区単位が多い。 |
| **市町村型** | 市町村<br>3セク、公社、観光協会 | • 設置は市町村、運営は指定管理で地域団体が請け負う場合もある。<br>• 道の駅などが多く、物産も広く扱う。 |
| **JA型** | JA | • JAによる直営。JA女性部が主導している場合が多い。<br>• 全国ネットワークもある。 |
| **都市広域型** | 都道府県、自治体、商工会によるアンテナショップ | • 広島県商工会の「夢ぷらざ」が典型。<br>• 東京都には49のアンテナショップがある。 |

公社等がリードする「市町村型」、農協による「JA型」に分けることができる。さらには、都市圏を市場とする「都市広域型」では、自治体による「アンテナショップ」なども含まれることになろう。

**「自立型」の直売所**

自主的に立ち上がってきた直売所は、農村女性たちによる「思い」の詰まった直売所を原型としている。農家が集落や自治区単位で営む直売所も、この系統に属する。いわば、直売所の基本形であろう。

この場合、運営は産直組合や協議会を結成し、任意組合の形でスタートするケースが多い。一般には、行政からの補助金を活用し、一部を自分たちで出資するケース、あるいは行政が建物と加工施設を用意し、その他の運転資金を自分たちで出資するケース（「鏡むらの店」）に分けられる。だが、一九九〇年代初頭など、事業の開始が早かった直売所では、行政の補助金を活用せず、自分たちの出資金だけでスタートさせている場合（「そばの里永野」の直売所）もある。

さらに、この「自立型」の直売所は、集落や地域単位の長い付き合いの中で、すでに形成されてきた既存組織を母体とするものが多い。農村女性たちによる生活改善グループは、その典型であろう。そのため、気心の知れたメンバーが集うため、運営メンバーには結束力があり、合意形成は比較的に容易であるといえる。出荷者と運営メンバーとの間で、ゆるやかなつながりを持ち、事業への参加の敷居が低いことも特徴であろう。

したがって、直売所を起点に新たな事業を進め、地域を巻き込み、地域外のファンを増やしていこうとする流れになりやすい。栃木の「そばの里永野」は、直売所をスタートさせて二年で、農産物加工と農村レストランに参入し、「三点セット」を実現、さらには地域ブランド「鹿沼そば」のリーダー的存在にまでなってきた。また、高知市に攻めの産直を展開する「鏡むらの店」は、生活改善グループや若い女性グループが出品しやすい仕組みを作り、さらに漁村の若手と組み鮮魚を販売するまでに至っている。加えて、交流事業も幅広い展開をみせ、富山の「池多朝どり得産市」は地元小学校へ食育活動を実施し、また、直売所の世界を先導する長野の「グリーンファーム」は全国直売所のネットワーク形成に向かっているのであった。

このようにみれば、自主的に立ち上がった直売所は、多角的な事業展開に発展しやすいことがわかる。

その際、グループ制や部会制を導入していることが特徴であろう。一人が突出したリーダーシップを発揮するのではなく（「グリーンファーム」は例外）、加工やレストラン、交流事業など多角化することにより、他の女性たちにもグループの長としての責任を与えている。法人格を持つ「自立型」の直売所はまだ少ないが、あたかも、事業部制を有する企業のような組織へと生まれ変わっていくようである。この「自立型」直売所の意義と地域に与えた影響については、また後述したい。

**「市町村型」の直売所**

「自立型」の直売所が先発であるのに対し、「市町村型」は後発であるものの、最近、勢いを増しつつある。設置は市町村、運営は商工会や第三セクター、地域公社などの地域団体が請け負うこともある。近年は「道の駅」の一角に併設されるケースが目立ってきた。本書で扱った五事例のうち、福島県西会津市「よりっせ」、東京都八王子市「ファーム滝山」、島根県吉賀町「エポックかきのきむら」、北海道長沼町「マオイの丘公園直販所」の四つは、道の駅に設置された直売所である。

道の駅は国土交通省道路局の管轄の下、一九九三年に一〇三カ所からスタートしたが、今や全国に九一七カ所（二〇〇九年七月三一日登録時点）あるとされる。道の駅の機能は、休憩機能、情報発信機能、地域の連携機能の三つがあるが、新しい道の駅ほど「直売所」が主役の位置を占めるようになってきた。東京都第一号の道の駅として二〇〇七年にオープンした「ファーム滝山」は、「立ち寄り型」ではなく、「新発想の都市型道の駅」をコンセプトとして、直売所、地元食レストラン、農産加工品販売の「三点セット」を基軸に事業をスタートさせている。「自立型」が直売所を起点に事業を展開、レストランや交流事業へと発展していくのに対し、近年、新設されつつある「市町村型」は当初から「三点セット」を標準装備していることが少なくない。成功直売所のノウハウが蓄積されてきたことの証しであろう。

「ファーム滝山」にみる「都市型道の駅」には、直売所を経営的に成り立たせる仕組みが備わっている。行政は組合組織を整備し、やる気のある女性グループに店舗を提供、生産者情報が分かるバーコードシステムを整備するなどの「場づくり」に特化している。あくまで主役は農家女性であって、行政は農家女性がリスクを意識しながら経営参画する仕組みを作ると同時に、先進的な消費者視点を導入しながら、商品販売を周辺から支援している。

このように、「市町村型」の直売所は、生産者のやりがいと消費者ニーズを同時並行で喚起させていく仕組みをビルトインしていくことが理想であろう。行政にも戦略が必要なのである。

## 地方の「市町村型」の個性的な取り組み

こうした「都市型」はごく最近の動きであるが、一五年ほどの実績がある「地方の市町村型」も工夫をこらした個性的な取り組みが目立ってきた。

第一に、「攻めの産直」と称して、都市部へ展開するケースである。高知市へ進出した旧鏡村「山里の幸・鏡むらの店」、広島市にアンテナショップを持つ島根県吉賀町「エポックかきのきむら」が該当する。市場圏を地元に置くか、近隣の都市圏に置くかで、販売システムは大きく異なる。集荷を一元管理する必要性も生じてくる。また、市場規模は大きくなるが、大型スーパーや小売、都市近郊の直売所との競争にもさらされやすい。だが「エポックかきのきむら」のように、有機農産物の販売といった特徴をアピールすることによって、ブランド価値が生まれ、新たな顧客層を開拓することにつながるといった効果が見られる。

第二に、直売所発「地域ブランド」の構築である。西会津の「道の駅よりっせ」では農家女性たちが「ミネラル野菜を使った薬膳料理」を考案、さらに地元大学と連携し「ベジメルバーガー」を開発した。また、淡路島の「赤い屋根」では「淡路島牛丼プロジェクト」をスタートさせ、「そばの里永野」は新ブランド「鹿沼そば」を束ねるなど、地域を巻き込んだ動きへと発展している。内外から人が集まる直売所は、地域ブランドの拠点に適しているのであろう。

第三に、直売所や農村レストランの「集積効果」である。北海道長沼町「マオイの丘公園直売所」はＪＡ以外にも七つの生産者グループによる直販ブースがある。そこに農村レストランや加工販売なども加わることにより、集積効果が発揮され、多数の人が訪れる観光スポットとなっている。グリーンツーリズムも導入し、直売所を起点とした観光地が形成されている。淡路島の「赤い屋根」にも、こうした集積効果がみられる。

このように、「市町村型」は単に直売所運営だけでなく、地域をまるごと売り込むといった発想で戦略が練られている。行政は「点」としての直売所を「面」に広げ、波及効果を追求する。直売所は、アイデア次第でいくらでも可能性が広がる世界なのである。

## 「ＪＡ型」の直売所

農協による直売所は後発であり、農協全国組織が指導して直売所づくりに乗り出したのは一九九七年からとされる。(2) それは「ファーマーズマーケット」推進活動として始まった。「ファーマーズマーケット」とは、三〇〇平方メートル以上の面積と三〇〇人以上の出荷者があることとされる。この先駆けがＪＡいわて花巻による「母ちゃんだぁすこ」である。ＪＡによる直売所は品揃えの良さを特徴としているため、仕入品も多い。全国組織のＪＡならではであり、「ＪＡ間提携」で他地域の特徴ある産品が置かれている。また、最近の流れとしては、ＪＡ合併で広域化し、より大規模化していく傾向にある。

一九九七年創業の「だぁすこ」は出荷者三〇〇名、年間売上七億七〇〇〇万円、近年、JAいわて花巻が吸収合併で広域化し、出荷者が増加した。さらに、二〇〇七年オープンの福岡県JA糸島の「伊都菜彩」は出荷者一一〇〇名、年売上二八億二〇〇〇万円であり、日本最大級の直売所として独自の地位を築いている。

こうした大規模化の中で、生産者と消費者の接点を損なわない努力もなされている。「だぁすこ」では会員は年に三回ほど売場に立ち、消費者とコミュニケーションをとる。JA福岡市も一カ所に集約するのではなく、小規模の直売所を四カ所、サテライト的に設置している。直売所のぬくもりを失わないように配慮されているのである。

だが一方で、「JA型」と「市町村型」の直売所は共通の課題を抱えている。合併で地域が広域化したことにより、行政や農協は農家や女性たちの「小さな活動」に目が行き届かなくなるといった問題も見受けられる。地域の無関心により、事業者たちの「思い」が希薄化していくことだけは避けなければならない。

## 二　農村女性の「自立」と地域の変化

今でこそ、農産物直売所は地域活性化の手段として定着しているが、もともとは農村女性たちの「自分たちの労働を正当に評価してほしい」という欲求から生まれている。農山村や中山間地域の農業は家族単位であり、「イエ」を重んじる風土文化の中では、女性個人の労働に対する評価は正当になされてこなかったと言ってもよい。女性は農業の主要な担い手であり、農業就業人口三三三万八〇〇〇人のうち、女性の比率は五三％も占め、男性を上回っているにもかかわらずである（『農林業センサス』二〇〇五年）。

だが、農協に出荷して、売上金を振り込まれるのは組合員であり、世帯主である夫の口座。女性たちは、農業のかたわら家事、子育て、親の介護をこなしていても、その労働の対価を手にすることはなかった。こうした農村の「イエ」単位の価値観から「自立」するために、農村の女性たちは農産物直売所を起こしていったのであった[3]。

当初、農村女性たちは数万円から数十万円を何とか自分たちで出資して、ほったて小屋ひとつで事業をスタートさせていった。そして、この時、初めて自分たちの預金口座を手にしたのである。この口座が励みとなり、女性たちは農産物直売所を起点に農産物加工や農村レストランなどの事業化に挑んでいった。今や、この「三点セット」を軸に、農山村や中山間地域は大きく変わろうとしている。

**競争原理が働き、直売所は学びの場に**

では、農産物直売所の登場により、農家や生産者、そして地域はどのように変わっただろうか。

直売所は生産者と消費者の二者間の相対取引でありながら、生産者間で競争原理が働く市場経済システムが備わっている。よって、生産者にとって、直売所とは「売るための工夫」を考える「学びの場」として機能している。

従来の農産物流通は、農協に依存し、都市部への安定供給と大量出荷が前提となっていた。大規模流通が可能になっていたのは、原則として農協は零細農家保護の立場から全量取引をベースにしていたからである。そのため、農作物の質が価格に必ずしも反映されないという側面があった。

それが、直売所の登場により、生産者は自ら「価格決定権」を有するようになった。時には、レジにも立ち、消費者と直接にコミュニケーションをとるなどして、自分の製品の売れ行きを読む。商品の陳列、包装にも気を払うようになる。そうした成果は、売上として、毎月、自分名義の口座に振り込まれることになる。

生産者は販売やレストランでの接客なども兼ねるようになり、消費者意識で物事を考えるようになった。次第に、陳列棚に生産者自らの写真を入れ、商品の特徴を分かりやすく表示したり、時には商品への「思い」を綴ったり、加工品にオリジナルの名前を付けたり、さらにはレシピを加えるなどして、売れる演出を加えるようになっていく。

それは直売所だけでなく、農村レストランなどの女性起業でも、同様の気付きや学びが見られる。福島県西会津町の「道の駅よりっせ」で農村レストランを営む女性グループのリーダーは、客との接点の中で、「他の方々にとっては当たり前なのかもしれないけど、これまでずっと家にいた私にとっては、本当に大きな発見を繰り返している」と語っている。

この「発見」が農村女性や農家の意識を変えた。顔の見えなかった生産者が「顔の見える生産者」へ、生産の喜びしか知らなかった農家が「販売の喜びを味わう生産者」へ、大きく変わろうとしているのである。

**地域の者同士が出会う場**

さらに、直売所は生産者に学びの場を提供しただけでなく、地域全体にも画期的な変化をもたらした。それは、長野県伊那市の日本最大級の直売所とされる「グリーンファーム」の事例からうかがえる。約一六〇〇名の会員を束ねる小林史麿氏は、「最も安定した消費者は生産者だ」「生産者こそ最も安定した消費者だ」をスローガンに掲げている。つまり、毎週の売上を土日に現金払いとし、生産者が休みたがる土日も店に来る仕組みを作り出した。それにより、生産者が最大の買い手ともなり、商品が途切れがちな土日も、商品と客があふれかえる直売所となっているのである。

大規模直売所ならではの戦略でもあるが、この取り組みは、農村は生産の場であると同時に、農村住民にとっては消費の場、生活の場でもあるということを気付かせてくれる。直売所は「生産者と消費者」「都市と農村」が出会う場だけでなく、「地域の者同士が出会う場」でもあろう。生産者や会員でなくとも、消費者として出向くことができる「オープンな地域コミュニティの場」が形成されているのである。

島根県邑南町の中山間地域で「香楽市」を営む七〇歳代の女性リーダーは、直売所設立のきっかけをこう説明する。(4)

「ここは地域農業振興のためではない。金儲けのためでもない。誰もがここに来て、笑顔になってもらう場。年寄りの知恵を活かす場。八〇歳になった時、ここにくれば笑顔になれる場にしたかった」。

農村女性たちは、生業としての農業、家族の世話、親の介護、そして自分の老後といった多くの重い荷物を背負っている。そうした思いを地域の者たちで共有する場ともなっており、時に、直売所は地域の人びとの憩いのサロンとも化している。

そして、「病院通いが減った」と言う声をよく聞く。生涯現役で仕事を続けられること、毎日、足を運んで語らえる場が地域内にあることの効用は計り知れない。私たちが高知県の山奥、本山町で出会った八〇代半ばのおばあさんは、毎日タクシーで直売所に通っていた。「毎日、ここに来ることが楽しみ」だと言う。それほど、直売所は人びとを惹き付ける存在なのであろう。

つまり、農山村や中山間地域において、直売所は地域産業振興の側面と、福祉政策の側面を兼ね備えている。福島県西会津町による「トータルケア」の取り組みは、このことを町ぐるみで強く意識した活動といえよう。高知県黒潮町でも、自ら出荷できないお年寄りのために、「集荷」に力点を置いた直売所のシステム構築を社会実験として実施しているところである[5]。

今後、限界集落を抱える中山間地域の自治体では、直売所を福祉政策と融合させる新たな試みが課題となってくるだろう。地域産業研究も、地域問題と人びととの生きがいを包括的に捉える視点がより重要になるように思う。

冒頭で見たように、現代の日本の農業は多くの問題を抱えている。だが、それにより、私たちは「農」や「食」のあるべき姿を真剣に考えるようになった。その最大の光は「農産物直売所」であろう。「生産者と消費者」「都市と農村」が出会う場だけでなく、「地域の者同士が出会う場」としても大きな意味を持つ。農家や農村女性の「自立」、産業の創出、雇用の場の創出、生きがいの提供、サロン的要素など、農産物直売所には現代的な地域課題が多く詰まっている。

成熟社会の中で、市場経済の原点ともいうべき「農産物直売所」が新たな価値観を形成しつつある。私たちは、このことの意味を深く考えるべきではないだろうか。ここから、日本の農業や地域が変わり、あらゆる可能性が芽生えていくのかもしれない。

(1) 田中満『人気爆発農産物直売所』ごま書房、二〇〇七年、を参照。
(2) 田中、前掲書、一二五頁。
(3) 農村女性の起業活動(「女性起業」)については、西山未真・吉田義明「農村女性による起業活動の展開と個別経営発展に関する一考察/うつのみやアグリランドシティショップを事例として」(『千葉大学園芸学部学術報告』第五五号、二〇〇一年)、宮城道子「グリーンツーリズムの主体としての農村女性」(『年報村落社会研究四三　グリーンツーリズムの新展開』農山漁村文化協会、二〇〇八年)が有益である。また、農林水産省が「農村女性による起業活動実態調査」を一九九七年度から毎年、実施している。二〇〇七年度の女性起業の数は九五三三件に上り、一〇年前の二倍以上となっている。
(4) 関満博「香楽市/誰もがここに来て『笑顔になる場』」(『山陰経済ウイークリー』二〇〇九年六月二日号)を参照。
(5) 高知県黒潮町の「集荷」の社会実験については、社団法人高知県自治研究センター『コミュニティ・ビジネス研究二〇〇七年度年次報告書』二〇〇八年、を参照されたい。

**執筆者紹介**


関　満博　（序章、第３章、第10章）

松永桂子　（第１章、第７章、終章）

西村俊輔　（第２章）
1980年　石川県生まれ
2005年　一橋大学商学部卒業
現　在　日本政策投資銀行地域企画部副調査役

畦地和也　（第４章）
1958年　高知県生まれ
1977年　高知県立中村高等学校卒業
現　在　高知県黒潮町役場勤務

西村裕子　（第５章）
1984年　広島県生まれ
2008年　一橋大学社会学部卒業
現　在　一橋大学大学院商学研究科修士課程

立川寛之　（第６章）
1970年　神奈川県生まれ
1993年　東京農工大学農学部卒業
現　在　八王子市広聴広報室秘書担当主査

足利亮太郎　（第８章）
1970年　京都府生まれ
1998年　京都大学大学院文学研究科修士課程修了
現　在　甲陽学院高等学校教諭

酒本　宏　（第９章）
1962年　北海道生まれ
1985年　北見工業大学土木工学科卒業
現　在　㈱ＫＩＴＡＢＡ代表取締役社長

山藤竜太郎　（第11章）
1976年　東京都生まれ
2006年　一橋大学大学院商学研究科博士後期課程修了
現　在　横浜市立大学国際総合科学部准教授　博士（商学）

**編者紹介**

関《せき》　満博《みつひろ》

1948年　富山県生まれ
1976年　成城大学大学院経済学研究科博士課程修了
現　在　一橋大学大学院商学研究科教授　博士（経済学）
著　書　『メイド・イン・チャイナ』（編著、新評論、2007年）
『中国郷鎮企業の民営化と日本企業』（編著、新評論、2008年）
『地域産業の「現場」を行く（第１集、第２集）』（新評論、2008年、2009年）他

松永《まつなが》　桂子《けいこ》

1975年　京都府生まれ
2005年　大阪市立大学大学院経済学研究科博士後期課程修了
現　在　島根県立大学総合政策学部准教授　博士（経済学）
著　書　『中山間地域の「自立」と農商工連携』（共編著、新評論、2009年）
『中国辺境の地域産業発展戦略』（共著、新評論、2009年）
『農商工連携の地域ブランド戦略』（共編著、新評論、2009年）他


**農産物直売所／それは地域との「出会いの場」**

2010年２月10日　　初版第１刷発行

編　者　関　満博
　　　　松永桂子
発行者　武市一幸

発行所　株式会社　新評論

〒169-0051　東京都新宿区西早稲田3-16-28
http://www.shinhyoron.co.jp
電話　03（3202）7391
FAX　03（3202）5832
振替　00160-1-113487

落丁・乱丁本はお取り替えします
定価はカバーに表示してあります

装　訂　山田英春
印　刷　フォレスト
製　本　桂川製本





ISBN978-4-7948-0828-8
Printed in Japan